Die Rindviehzucht in Bayern

und ihre

wirtschaftlichen Ziele

verfaßt

von

Jakob Tomalski
Doktor der Staatswissenschaften.

München.
J. Schweitzer Verlag (Arthur Sellier).
1900.

Druck der kgl. bayer. Hof- u. Universitäts-Buchdruckerei von Fr. Junge (Firma: Junge & Sohn), Erlangen.

Inhaltsverzeichnis.

Einleitung.

Zu Beginn des 19. Jahrhunderts war Deutschland noch ein Agrarexportland, das außer für Deckung des heimischen Bedarfes noch für fremde Märkte produzierte. Da es am rentabelsten war, Getreide auszuführen, lag das Hauptgewicht der damaligen Landwirtschaft im Körnerbau. Heute hat Deutschland infolge der veränderten Verkehrsverhältnisse und der größeren Bevölkerung einen bedeutenden Import an agrarischen Produkten. Der Körnerbau ist auf schlechterem, zum Teil sogar auf besserem Boden unlohnend geworden. Aus diesem Grunde, sowie wegen der gesteigerten Konsumfähigkeit der Massen, dürfte es für einen beträchtlichen Teil der Landwirtschaft vorteilhafter erscheinen, sich der Viehzucht zuzuwenden. Die Bedeutung der verschiedenen Nutzungen des Rindviehes für die Allgemeinheit, wie für den einzelnen landwirtschaftlichen Betrieb hat sich infolgedessen erheblich verschoben. Solange die Getreideproduktion das Rentabelste war, hat man dem Rindvieh vor allem insoweit eine wirtschaftliche Bedeutung zugemessen, als es zur Herstellung des Düngers notwendig war. Man hielt es nur für ein unentbehrliches Übel (Thünen), das man zur Ermöglichung eines Fortschrittes im Körnerbau mit in Kauf nehmen müsse. Arbeitsnutzung und Nutzung im engeren Sinne (Fleisch- und Milchnutzung) kamen nur ganz nebenbei in Betracht. Mit der Intensivierung des Betriebes, die vor allem mehr Arbeit erforderte, wurde die Arbeitsnutzung zur Hauptsache, ebenfalls aber nur als Mittel zur Steigerung der Erträge des Körnerbaues. Da heute die Erzeugung animalischer Produkte für einen großen Teil der deutschen Landwirtschaft vorteilhafter ist, tritt die Dünger- und Arbeitsnutzung gegen die Nutzung im engeren Sinne immer mehr zurück. Wie für jede wirtschaftliche Thätigkeit ist auch für die Rindviehzucht das Prinzip der Wirtschaftlichkeit d. h. die Erzielung eines möglichst großen Überschusses über die aufgewendeten Kosten das Maßgebende. Die Erzielung dieses Überschusses und die Steigerung desselben ist auf dreierlei Weise möglich, einmal durch Erzielung höherer Preise für die hergestellten Produkte, zweitens durch Verringerung der Produktionskosten, drittens durch Steigerung der Produktion in quantitativer und qualitativer Hinsicht. Die Erhöhung der Verkaufspreise ist möglich entweder durch Maßnahmen der Gesetzgebung und Verwaltung in handels- und verkehrspolitischer Hinsicht oder auf dem Wege der natürlichen Entwickelung, respektive Änderung der Konsum- und Marktverhältnisse oder auch durch verbesserte Qualität der erzeugten tierischen Produkte.

Ob es angängig und ob es richtig ist, die Rentabilität durch politische Machtausübung zu steigern, bleibt hier unerörtert. Tritt sie auf Grund der natürlichen Entwickelung oder Veränderung der Marktverhältnisse ein, so entzieht sie sich der Einwirkung des einzelnen Menschen und infolgedessen werden wir sie auch unberücksichtigt lassen. Die anderen Möglichkeiten der Steigerung des Reingewinns, die Verringerung der Produktionskosten oder die Steigerung der Produktion in quantitativer und qualitativer Hinsicht gehören zu derjenigen wirtschaftlichen Thätigkeit, die im Wirkungskreise der Züchter und Viehhalter selbst liegen, und wir müssen diese Möglichkeiten einer näheren Prüfung unterziehen.

I. Teil.

Die Steigerung der tierischen Produktion aus der Rindviehhaltung in Bayern.

I.

Die Nutzungen, die wir heute dem Rindvieh abzugewinnen bestrebt sind, bestehen in der Arbeitsleistung und in der Nutzleistung im engeren Sinne. Die Arbeitsleistung, gewöhnlich dem eigenen Bedarfe des Betriebes angepaßt, spielt bei der heutigen Technik der Landwirtschaft eine nicht geringe Rolle. Besonders wichtig erscheint sie in den Gebirgsgegenden und in den kleineren Betrieben, wo das Rindvieh häufig als alleinige Zugkraft zur Ackerarbeit zur Anwendung kommt. Arbeitsnutzung.

Nach den Ergebnissen der landwirtschaftlichen Betriebszählung vom 14. Juni 1895 wurden zur Ackerarbeit 376 108 Ochsen und 554 909 Kühe verwendet, d. h. im ganzen 29% des gesamten Rindviehbestandes. Die letztere Verhältniszahl ist zweifellos einer ganz bedeutenden Steigerung fähig, da sich die Rindvieharbeit wesentlich billiger als die Pferdearbeit stellt. Nach den aufgestellten Berechnungen (von d. Goltz) kostet ein Arbeitstag bei

einem	Pferde	2_{17} Mk.	=	100 %
„	Ochsen	1_{56} „	=	71_9%
einer	Kuh [1])	0_{96} „	=	44_2%.

Besonders wichtig erscheint die bis jetzt viel zu wenig ausgenützte Arbeitsnutzung der Kühe, welche zur Zeit fast nur in kleineren Betrieben zur Anwendung kommt. Es wurden nämlich auf 1000 ha der landwirtschaftlich benutzten Fläche in Bayern zur Ackerarbeit herangezogen:

Bei Betrieben bis ha Größe	Pferde	Ochsen	Kühe
2	18_{58}	13_{47}	525_{98}
2—5	29_{63}	58_{43}	443_{86}
5—20	59_{79}	114_{00}	94_{31}
20—50	90_{35}	70_{37}	10_{94}
50—100	81_{99}	38_{76}	4_{32}
über 100	38_{36}	59_{29}	1_{91}.

[1]) Nach Backhaus.

Je größer der Betrieb, desto weniger nimmt er die Rindvieharbeit in Anspruch und desto mehr werden die Pferde bezw. die mechanischen Arbeitskräfte als Arbeitskraft benützt. Bei den kleinsten Betrieben werden auch die Ochsen nur in minimaler Weise zur Arbeit verwendet und die Hauptarbeit wird durch die Kühe geleistet. Die Kuh ist sonach als Arbeitsvieh „des kleinen Mannes“ anzusehen und, wenn wir noch berücksichtigen, daß durch die Arbeitsleistung der Kühe die Milchleistung nicht gerade in bedenkenerregender Weise verringert wird, daß ferner bei entsprechender Fütterung durch die Arbeit auch die Gesundheit der Kühe nicht beeinträchtigt wird, so können wir nur die größte Verbreitung der Verwendung der Kühe zur Arbeit als wünschenswert bezeichnen. Nicht bloß für kleinere sondern auch für mittlere Betriebe ist sie empfehlenswert. Selbstverständlich erscheint eine gewisse Beschränkung in Bezug auf die Intensität der Ausnützung der Arbeitskraft der Milchkühe um so notwendiger, wenn die Tiere nicht sehr intensiv ernährt werden können, und es ist einige Rücksicht, besonders in der Zeit der vorgeschrittenen Trächtigkeit zu beobachten.

Nutzleistung im engeren Sinne.

Die Nutzleistung im engeren Sinne ist aber doch im großen Ganzen viel wichtiger als die Arbeitsleistung des Rindviehes. Einerseits gewinnen die hauptsächlichsten Produkte der Rindviehhaltung (Fleisch, Milch und deren Fabrikate) als notwendige Lebensmittel der breiten Massen der Bevölkerung immer größere Bedeutung, andererseits spielen die Nebenprodukte (Leder, Horn, Haare, Knochen), die zu verschiedenen gewerblichen Zwecken Verwendung finden, auch eine nicht unbedeutende Rolle im Wirtschaftsleben. In letzterer Hinsicht hat allerdings die neuere Zeit durch eine Anzahl Surrogate (Gummi, Guttapercha, Cellulose, Baumwolle rc.) diese Nebenprodukte immer mehr betreffs ihrer relativen wirtschaftlichen Wichtigkeit[1]) in den Hintergrund gedrängt, so daß die Fleischproduktion und Milchproduktion als die wichtigsten Endziele der ganzen Rindviehhaltung erscheinen.

---

[1]) Immerhin bleibt noch bis heute das Leder unersetzbar, aber die Nutzung des Rindviehes in dieser Richtung spielt mit jedem Jahr eine geringere Rolle, um so mehr, als dieses Produkt infolge seiner Beschaffenheit ein Welthandelsartikel geworden ist, wodurch die Möglichkeit seiner Beschaffung von weitem gegeben ist. Der Erlös aus dieser Nutzung ist sohin von der ausländischen Konkurrenz abhängig, jedenfalls aber war die Konjunktur für die heimischen Produkte bisher nicht ungünstig. Wie sich die Preise der Häute gestalteten zeigt die folgende Tabelle:

Für Einzelwirtschaften, in denen gezüchtet wird, gibt es zwar eine Anzahl spezieller Betriebsrichtungen, wie Aufzucht von Vater- und Muttertieren, Aufzucht von Mast-, Milch- und Arbeitstieren u. s. w. Diese besonderen Betriebsrichtungen dienen aber lediglich dazu, um die erforderlichen Substrate für die eigentlichen, wirtschaftlich wichtigsten Produktionszweige zu beschaffen, d. h. diese Wirtschaften suchen mehr oder weniger einen Hauptnutzen in der Herstellung der eigentlichen erforderlichen Produktionsinstrumente für die Allgemeinheit.

In jedem Fall gehen all diese Thätigkeiten, wenn auch zum Teil nicht unmittelbar, im Grunde doch nur auf die Fleisch- und Milchproduktion aus.

Um die Bedeutung dieser beiden Hauptproduktionszweige entsprechend würdigen und danach alle Maßregeln und Vorkehrungen zur Förderung der Rindviehhaltung richtig beurteilen zu können, müssen wir die Frage der Lebensmittelversorgung mit tierischen Produkten näher ins Auge fassen, und zwar mit Rücksicht auf den Rindfleisch- und Milchbedarf und mit Rücksicht auf die Anteilnahme der deutschen Landwirtschaft an der Deckung dieses Bedarfes.

Eine strikte Ermittelung des Verbrauches ist überhaupt nicht durch- Rindfleischbedarf.
zuführen, weil wir bei der diesbezüglichen Berechnung immer auf eine Unbekannte stoßen, nämlich den Teil des Konsums, der in der heimischen Produktion seine Deckung findet.

Für 1 Doppelzentner wurden bezahlt in Mark: (Vierteljahrshefte z. St. d. D. R. 1899 S. I_{24})

	1889	1890	1891	1892	1893	1894	1895	1896	1897	1898
Amerikanische, trockene Ochshäute in Hamburg . . .	125_0	116_3	116_5	106_0	100_2	90_0	119_3	118_7	125_5	136_3
dto. in Bremen	161_7	140_8	137_3	133_0	134_7	118_0	169_8	157_5	153_0	160_8
Ochs- und Kuhhäute, naß, prima in München . . .	60	64_0	71_7	64_0	57_7	56_7	70_9	65_5	68_0	70_8
Kalbfelle in Frankfurt a/M. .	246_9	277_5	286_0	266_0	275_5	243_3	281_9	261_7	250_2	250_8

Für den heimischen Bedarf wurden mehr eingeführt in Doppelzentnern:

	1895	1896	1897	1898
Kalbfelle: grün und gesalzen	29 720	30 337	15 999	319
„ gekalkte und trockene . . .	59 097	40 183	44 840	56 653
Rindshäute: grüne und gesalzene . .	281 612	275 083	353 415	334 337
„ gekalkte und trockene . .	160 067	132 053	186 464	244 767

Der Fleischbedarf ließe sich schon genauer ermitteln als die Milchkonsumtion, aber auch nur da, wo Fleisch- bez. Schlachtsteuern existieren (Sachsen, Baden). In den betreffenden Ländern könnte man mit Hilfe der Nachweisungen über die Schlachtungen eine Berechnung des Fleischverbrauches aufstellen, was indessen für das Deutsche Reich ebensowenig wie für Bayern ausführbar ist. Wir müssen uns deshalb bemühen, den Fleischverbrauch zu schätzen.

Methode der Schätzung.

Der Rindfleischverbrauch in Deutschland setzt sich zusammen aus der Größe der eigenen Fleischproduktion und derjenigen der ausländischen Zufuhr nach Abzug der Ausfuhr. Die bezeichneten Größen müßten bekannt sein, wenn eine Berechnung mit der Wirklichkeit genau übereinstimmen sollte. Wir können nur die Ein- und Ausfuhr an der Hand der Statistik ziemlich genau feststellen, während die heimische Produktion nur geschätzt werden kann und infolge dieser nicht genau bekannten Größe die ganze Ermittelung des Konsums nur einen relativen Wert hat.

Was zunächst die ausländische Zufuhr anlangt, so kommt in betracht die Zufuhr des Rindfleisches in genußreifem Zustande (frisch, einfach zubereitet und in hermetisch verschlossenen Gefäßen) und in Form vom lebenden Rindvieh. Für beide Arten des Imports haben wir ziemlich verläßliche Angaben in der Statistik. Bezüglich des eingeführten fertigen Rindfleisches sind wir aber auf die Angaben vom Jahre 1897 und 1898 beschränkt.

Bis 1897 sind nämlich nur die Mengen des eingeführten Fleisches angegeben, aber nicht die Fleischgattungen unterschieden, während für unsere Berechnung nur das Rindfleisch in Betracht kommt. Erst im Jahre 1897 ist die Unterscheidung durchgeführt worden.

Was die Einfuhr des Rindfleisches in Form von lebendem Rindvieh anlangt, haben wir zwar in der Statistik die Rinder nach Altersklassen unterschieden, aber da das Gewicht nicht angegeben ist, ist die Brauchbarkeit dieser statistischen Aufnahmen stark beeinträchtigt, weil die Stückzahl der Einfuhr nur einen beschränkten Anhaltspunkt für die Berechnung des wirklichen in dieser Form eingeführten Fleisches bietet. In dieser Hinsicht werden uns die Angaben der Schlachthäuser der größeren Städte über das Schlachtgewicht der Rinder behilflich sein müssen, und diese Angaben können wir um so eher benützen, als das eingeführte Rindvieh zum größten Teil vermittelst dieser Schlachthäuser dem Konsum übergeben wird[1]).

[1]) Es wird zwar ein Teil des eingeführten Rindviehes nicht direkt für die Schlachtbank bestimmt, besonders in den Grenzbezirken, sondern zur Arbeits- oder

Was nun den zweiten Faktor, der auf unsere Berechnung vom größten Einfluß ist, die Fleischproduktion Deutschlands anlangt, so haben wir die Viehzählungen zur Verfügung, aus denen wir erst das konsumfähige Rindfleisch ermitteln müssen. Solche Viehzählungen wurden im Deutschen Reich vorgenommen im Jahre 1883, 1892 und 1897, daneben haben wir auch Angaben der Rindviehzahl gelegentlich der Betriebszählungen 1882 und 1895, die aber für unseren Zweck wertlos sind, weil nur die Unterscheidung des Rindes nach Arbeits- und Nutzvieh berücksichtigt wurde. Die eigentlichen Zählungen kommen in zwei Typen zur Durchführung: Große Zählungen (1883, 1892) werden alle 10 Jahre vorgenommen und bei diesen wird das vorhandene Rind nach Altersklassen und Geschlecht gezählt, kleine Zählungen (1897) finden in der Mitte der Zwischenperiode also nach 5 Jahren statt, und bei ihnen werden nur zwei Alterskategorien des Rindviehes unterschieden. Von den eigentlichen Viehzählungen wäre für uns die brauchbarste die 1892 er. Da wir jedoch für unseren Zweck die ausländische Fleischzufuhr erst 1897 für zuverlässig halten, müssen wir auch die 1897er Viehzählung in Betracht ziehen.

Der wesentliche Unterschied zwischen beiden Zählungen (1892, 1897) liegt in der geringeren Auseinanderhaltung der Zählungsobjekte im Jahre 1897, weil damals nur das unter $^1/_2$ Jahr und über $^1/_2$ Jahr alte Rindvieh unterschieden wurde, während im Jahre 1892 nicht nur die Unterscheidung auf einzelne Alters- und Gattungsklassen erstreckt (Kälber unter 6 Wochen 3_1 % des ermittelten Gesamtrindviehstandes, Kälber von 6 Wochen bis 6 Monate alt 7_6 %, Jungvieh $^1/_2$—2 Jahr alt 23_8 %, über 2 Jahr alte Bullen 1_1 %, sonstige Stiere und Ochsen 7_8 %, Kühe 56_6 %), sondern auch die Schätzung des Lebendgewichtes der einzelnen Klassen durchgeführt wurde (Durchschnittslebendgewicht eines Kalbes unter 6 Wochen 53 kg, älteren 97 kg, Jungvieh 219 kg, Bullen, Stiere und Ochsen 497 kg, Kühe 416 kg).

Allen Viehzählungen ist gemeinsam die Mangelhaftigkeit der Angaben, denn nicht nur darf die Lebendgewichtsbestimmung als ganz unzuverlässig bezeichnet werden, sondern auch die Stückzahl ist nicht bei jeder Zählung unanfechtbar. Wenn man sich vergegenwärtigt, in welcher Weise diese Viehzählungen [1]) in der Praxis durchgeführt wurden, daß es keine ein-

---

Milchnutzung, in diesem Fall aber kommt das heimische Rindvieh, welches durch eingeführtes ersetzt wird, statt dessen in den Verbrauch und auf diese Weise dürfte die Gewichtsdifferenz des eingeführten Rindes in dem ausgeschlachteten verschwinden.

[1]) Statistik des Deutschen Reichs Bd. 101, S. 84.

heitlichen Vorschriften bezüglich der Durchführung gab und bald in einem Staat die lokalen Ortsbehörden nur mit dem Sammeln der durch Viehbesitzer bez. Viehhalter ausgefüllten Fragebogen betraut wurden, bald in anderen zum Zählungsgeschäft freiwillige oder von Amtswegen bestimmte Zähler herangezogen wurden, die jedoch nur die Angaben der Besitzer, ohne dieselben zu prüfen, in die Fragebogen einzutragen hatten, daß in manchen Staaten die Zählung auf mehrere Tage ausgedehnt wurde, so wird man solchen Viehzählungen wohl nur bedingten Wert beimessen.

Am wenigsten befriedigend sind wohl die statistischen Angaben über das Lebendgewicht der Rinder, denn sie bieten oft sogar ganz willkürliche Schätzungen. In manchen Staaten waren es die landwirtschaftlichen Kreisausschüsse, die für die ganzen Bezirke ein einheitliches Lebendgewicht für einzelne Altersklassen festgestellt haben, in anderen waren es durch die Centralbehörden ernannte Sachverständige oder sogenannte „Vertrauensmänner", in anderen die Bezirkstierärzte ꝛc., und alle haben die Schätzung nach eigenem Ermessen und wohl nach subjektiver Empfindung vorgenommen. Es läßt sich nicht leugnen, daß eine genaue Ermittelung des Lebendgewichtes nur bei Benützung einer Viehwage möglich ist und daß dies bei der Viehzählung viel zu umständlich wäre; was aber leicht durchführbar wäre, ist, daß die zu schlachtenden Rindviehstücke, die ohnehin vor der Schlachtung der amtlichen Viehbeschau unterstellt werden müssen, durch die bezüglichen Organe (wenigstens periodisch) gewogen werden. Trotz der großen Bedenken gegen die Zuverlässigkeit der statistischen Angaben, sind wir genötigt, sie als mit der Wirklichkeit übereinstimmend anzusehen und auf dieser Grundlage unsere Schätzung vorzunehmen, und zwar werden wir den Fleischkonsum im Jahre 1897 zu ermitteln versuchen.

Der Gegenstand unserer Betrachtung ist speziell Bayern, da aber die Ermittelung des Konsums in einem nicht selbständigen Zollgebiet undurchführbar ist mangels Aussonderung der mehr ein- bez. mehr ausgeführten Mengen [1]) für das betreffende Gebiet (wodurch mit zwei Unbekannten in der Berechnung zu operieren wäre), sind wir darauf angewiesen, die bayerische Rindfleischkonsumtion im Zusammenhang mit der des Deutschen Reichs der diesbezüglichen Prüfung zu unterziehen. Auch die Ausschei-

[1]) Da auch ein großer Verkehr mit lebenden Tieren auf Landstraßen bewerkstelligt wird, sind auch die Veröffentlichungen des Güterverkehrs auf den Eisenbahnen unbrauchbar; auch wird ein nicht geringer Teil des Fleisches mittels Post befördert und ist deshalb der Verkehr Bayerns mit anderen deutschen Staaten unkontrollierbar.

dung des auf die bayerische Bevölkerung entfallenden Anteils an dem Gesamtverbrauch des Reichs ist mangels jedweder Anhaltspunkte und angesichts der verschiedenen natürlichen, wirtschaftlichen und sozialen Zustände, die diesen Verbrauch stark beeinflussen, kaum durchführbar. Deshalb können wir diese Frage nur für das ganze Reich zu lösen versuchen, und zwar werden wir zunächst die deutsche Rindfleischproduktion für 1897 schätzen.

Fleischproduktion für das Jahr 1897

Im Jahre 1897 hatten wir im Deutschen Reich 18490772 Stück Rinder. Diese Zahl, welche für unsere Berechnung den Ausgangspunkt bildet, muß alljährlich erneuert werden, wenn der Rinderbestand in derselben Beschaffenheit in Bezug auf die qualitative Zusammensetzung bleiben soll, d. h. wir setzen voraus, daß der Rinderbestand im Jahre 1898 derselbe sein wird, wie im Jahre 1897 in Bezug auf Alter, Gattung und Quantität der einzelnen Klassen. Weil er zu diesem Zweck eine jährliche Erneuerung in sich aufnehmen muß, so muß andererseits der überschüssige Teil (voraussichtlich der älteste Jahrgang oder das am wenigsten brauchbare bez. das für den Konsum bestimmte Rindvieh) als entbehrlich ausgeschieden werden, d. h. er wird verbraucht werden können. Es handelt sich in erster Linie darum, wie hoch sich die Ziffer des Ersatzes bez. der verbrauchsfähigen Rinder stellt? Einen Anhaltspunkt für die Beantwortung haben wir in der Viehzählung von 1892, wo die einzelnen Altersklassen unterschieden wurden. Vorausgesetzt, daß die Zusammensetzung des 1897er Rindviehstandes dieselbe geblieben ist, wie im Jahre 1892, können wir 23_8% des gesamten Rindviehstandes auf das Jungvieh im Alter von $^1/_2$ bis 2 Jahren rechnen. In dieser Altersklasse sind, wie wir sehen, drei Jahreshälften des Rindes, welches zum Ersatz bestimmt ist, begriffen. Um das Jungvieh des einen Jahrganges zu ermitteln, müssen wir annehmen, daß alle Jahreshälften gleich sind, was mit Rücksicht auf die Ergänzungszahl, die Jahr für Jahr gleich bleiben müßte, gerechtfertigt erscheint. Eine solche Annahme ist auch durch die Praxis begründet, da das über 6 Monate alte Vieh in der Regel, wenn es schon so weit gebracht ist, auch groß gezogen wird und dann entweder zur Ergänzung des eigenen Stapels oder des fremden dient, oder ist das nicht der Fall, so wird es doch immer so weit gebracht, daß es an Gewicht dem ausgewachsenen Tiere gleichkommt, und dann als solches an die Stelle des auszumerzenden in den Verbrauch kommen kann. Es macht hiernach der eine Jahrgang (d. i. der zweite) $^2/_3$ von dieser Zahl aus, d. h. 15_{86}% des Gesamtrindviehstandes kommen als Ersatz hinzu, wodurch eine ebenso große Zahl des älteren Rindviehes entbehrlich gemacht wird. Es werden somit 15_{86}%, d. h. 2932634 Rinder verbraucht werden können. Von dieser Zahl der verbrauchsfähigen Rinder müssen wir jedoch diejenigen Rinder in Abzug bringen, welche auf Grund der Reichs- bez. der Staatsgesetze über Viehseuchen vernichtet wurden und auch diejenigen Rinder, die infolge anderer Krankheiten gefallen sind. Es wurden im Jahre 1897 [1]) 6907 Rinder unbrauchbar wegen der Viehseuchen, und infolge anderer Krankheiten [2]) wurden 140529 Stück (im ganzen Reich) vermutlich ungenießbar, als umgestandene, d. h. im ganzen müssen 147436 Rinder abgezogen werden. In dieser Zahl der vernichteten Tiere sind aber alle Altersklassen inbegriffen, ebenso Kälber wie die älteren Rinder, die im gleichen Grade der Gefahr unterliegen, während in der verbrauchsfähigen Rindviehzahl nur die ausgewachsenen Rinder in Betracht kommen, deshalb müssen wir diese Durchschnittsrinder auf ältere Rinder umrechnen, um sie abziehen zu können. Zu diesem Zweck müssen wir das Lebendgewicht eines Durchschnitts- und eines über 2 Jahre alten Rindes kennen. Weil im Jahre 1897 keine Lebendgewichtsaufnahme stattfand, müssen wir dieses 1897er Lebendgewicht von der letzten Gewichtsaufnahme, die 1892 stattfand, ableiten. Damals wog das Durchschnittsrind 341 kg und das über 2 Jahre alte 421 kg. Wie viel mag die Lebendgewichtszunahme in dieser 5jährigen Periode bis 1897 betragen? Einen gewissen Anhaltspunkt finden wir in der Differenz der zwei letzten Gewichtsaufnahmen, d. i. im Jahre 1883 und 1892. Vorausgesetzt, daß dieses Gewicht der Wirklichkeit entspricht, können wir bei diesen Zählungen eine Zunahme des Lebendgewichtes konstatieren, die in 10 Jahren bei einem Durchschnittsrinde 20 kg und bei einem älteren 28 kg beträgt. Da auf diesem Gebiete nur sehr langsam ein Fortschritt vor sich gehen kann, können wir annehmen, daß im besten Fall die Zunahme des Lebendgewichtes 1892—1897 die Hälfte der vorigen beträgt, d. h. ein Durchschnittsrind 1897 dürfte 351 kg und das ältere 435 kg gewogen haben. Die 147436 Durchschnittsrinder wiegen 517490 Dz = 118963 ältere Rinder. Es verbleiben somit (2932634—118963) 2813671 ältere Rinder für den Konsum.

---

[1]) Statistisches Jahrb. für das Deutsche Reich 1899 S. 210.

[2]) Nach den Geschäftsergebnissen der bayerischen Viehversicherungsanstalt beträgt die Zahl der Schadensfälle im 3jährigen Durchschnitt 2_{62}% der versicherten Rinder, d. h. man kann annehmen, daß so viel vom Gesamtstande des Rindviehes den Schadensfällen unterliegen. Da die umgestandenen Rinder 28_{30}% der Schadensfälle ausmachen, so dürften 0_{76}% aller Rinder (= 28_{30}% der Schadensfälle) für den Konsum verloren gehen (obwohl nicht ausgeschlossen bleibt, daß auch eine gewisse Anzahl der umgestandenen Rinder verbraucht wird).

Von den $^1/_2$—2 Jahre alten Rindern haben wir für unsere Berechnung $^2/_3$ verwendet, der verbleibende Rest ($^1/_3$ d. i. $7_{94}\%$) stellt uns die zweite Hälfte des ersten Jahrganges vor. Dieser muß ergänzt werden bis zur Höhe des vollen Jahrganges und zwar durch das Hinzutreten der jüngeren Stücke, d. h. bis zu 6 Monaten alten Kälber, welche 10_7 des Standes betragen. Von diesen $10_7\%$ kommen sonach 7_{94} in Abzug als Ergänzung des ersten Jahrganges, während der Rest, d. i. $2_{76}\%$ des Gesamtstandes als Kälber unter 6 Monaten verbraucht werden können. Es sind dies 510 345 Kälber.

Zu den verbrauchsfähigen Rindern müssen wir noch die Zahl derjenigen Kälber hinzurechnen, die im Zählungsjahre zur Welt gekommen, aber vor der Zählung dem Konsum übergeben worden sind. In dieser Beziehung sind wir mangels jedweder Kontrolle der Praxis bloß auf eine Vermuthung angewiesen, bei welcher jedoch ein möglicher Fehler sehr wenig die ganze Berechnung beeinflussen dürfte aus dem Grunde, weil ohnehin die Ziffer dieses Fehlers keine große Position ausmacht. Mit Rücksicht darauf, daß von der Gesamtzahl der Kühe ein Bruchteil derselben keine Kälber zur Welt bringt und daß auch die Kälber in den ersten Tagen ihres Lebens am meisten zu Grunde gehen und ihr Fleisch dadurch ungenießbar wird, können wir annehmen, daß im besten Fall 70% aller Kühe die verbrauchsfähigen Kälber zur Welt bringen. Vorausgesetzt, daß im Jahre 1897 $56_6\%$ des Standes Kühe waren[1]), von denen 70% Kälber hatten, so sind im Jahre 1897 8 172 029 Kälber zur Welt gekommen. Von dieser Zahl müssen wir aber diejenigen Kälber abziehen, die bei der Viehzählung als Kälber schon mitgerechnet wurden und die wir auch berücksichtigt haben, das sind alle bis zu 1 Jahre alten Kälber. In diese Kategorie fallen die unter 6 Wochen alten Kälber ($3_1\%$), 6 Wochen bis 6 Monate alten ($7_6\%$) und $^1/_3$ des $^1/_2$ bis 2 Jahre alten Jungviehes ($7_9\%$), also im Ganzen $18_6\%$, d. h. 3 439 303 Kälber wurden schon berücksichtigt. Es verbleiben somit 4 732 726 Kälber, die gewöhnlich nach dem möglichst frühen Absetzen, d. i. wenige Wochen nach der Geburt dem Konsum übergeben werden.

Die bisher ermittelten Zahlen des konsumfähigen Rindviehes stellen uns die Stückzahl des lebenden Rindviehes dar, und weil wir das konsumfähige Rindfleisch berechnen wollen, müssen wir das Schlachtgewicht der einzelnen Rinder der Berechnung zu Grunde legen. Nach mehrjährigen Erfahrungen in den Schlachthöfen nimmt man das Durchschnitts-

[1]) Prozentsatz vom Jahre 1892.

schlachtgewicht[1]) eines Rindes mit 235 kg an, eines Kalbes mit 58 kg, an Lungen, Leber, Nieren, Füßen und ähnlichen genießbaren Teilen werden 5% des geschlachteten Fleisches zugerechnet, und bei der Fleischbeschau werden 0_{44}% des Fleisches als ungenießbar verworfen. Zu der Annahme eines solchen Schlachtgewichtes sind wir bei unserer Berechnung um so mehr berechtigt, als das bei der Zählung geschätzte Lebendgewicht eines älteren Rindes mit 435 kg und das des Kalbes mit 98½ kg[2]) angenommen wurde und da das Schlachtgewicht[3]) 52—56% des Lebendgewichtes bei den älteren Tieren und 56—62% bei den Kälbern ausmacht, so dürfen wir diese Schlachtgewichtszahlen ohne große Bedenken annehmen.

Die Rechnung stellt sich also folgendermaßen dar:

2 813 671 Rinder à 235 kg	=	6 612 126	Dz
510 345 Kälber à 58 kg	=	316 000	"
4 732 726 Kälber à 32 kg[4])	=	1 514 472	"
5% Abfälle		362 487	"
Summa		8 805 085	"
0_{44}% ungenießbar		33 493	"
Verbleiben		8 771 592	"

Rindfleisch für den Verbrauch, welche durch die heimische Produktion geliefert werden können. Die ausländische Zufuhr stellt sich im Jahr 1897 wie folgt dar[5]):

Fleischeinfuhr im Jahr 1897.

Gattung in Stück	Einfuhr	Ausfuhr	Mehreinfuhr
Kühe	73 788	2 838	70 950
Stiere	5 977	375	5 602
Ochsen	51 282	3 951	47 331
Jungvieh bis 2½ Jahr . . .	71 923	4 966	66 957
Kälber unter 6 Wochen . . .	14 597	455	14 142

[1]) Statistisches Jahrbuch der Stadt Berlin 1898 S. 277.

[2]) Das Durchschnittslebendgewicht eines älteren Kalbes beträgt im Jahre 1883 94 kg, 1892 97 kg und dürfte 1897 98_5 kg betragen. Vierteljahrshefte zu der Stat. des Deutschen Reichs 1884 und 1894.

[3]) J. Kühn, Die zweckmäßige Ernährung des Rindviehes.

[4]) Das Lebendgewicht eines Kalbes (bis 6 Wochen alt) wurde ermittelt 1883 auf 51 kg, 1892 auf 53 kg und 1897 dürfte es dementsprechend 54 kg betragen.

[5]) Statistik des Auswärtigen Handels des Deutschen Reichs Bd. 97 I S. 40.

Umgerechnet in konsumfähiges Rindfleisch erhalten wir:

190 840 Rinder (ältere) à 235 kg	448 474	Dz
14 142 Kälber à 32 kg	4 525	"
5 % Abfälle	22 649	"
Summa	475 648	"
0_{44} % ungenießbar	2 092	"
Verbleiben	473 556	"

des mehr eingeführten Fleisches in Form von lebenden Tieren.

Was die Einfuhr des fertigen Rindfleisches anlangt, so haben wir in der Statistik folgende Zahlen[1]):

	Einfuhr	Ausfuhr	Mehreinfuhr
	in Doppelzentnern		
Rindfleisch und Kalbfleisch frisch	44 990	11 194	33 796
" " " einfach zubereitet	21 705	921	20 784
In Büchsen oder ähnlichen, auch hermetisch verschlossenen Gefäßen	34 544	881	33 663
Summa	101 239	12 996	88 243

Im Ganzen also wurden 561 799 Dz Rindfleisch mehr eingeführt. Mit der heimischen Produktion beträgt das 9 331 391 Dz Rindfleisch, oder pro 100 Kopf der Bevölkerung 1735_{18} kg, worin sich 6_4 % der ausländischen Zufuhr befindet, d. h. Deutschlands Rindfleischkonsum wurde im Jahre 1897 durchschnittlich an 23 Tagen durch das Ausland gedeckt.

So viel Rindfleisch dürfte im Jahre 1897 konsumiert worden sein, wenn alle Voraussetzungen bezüglich der heimischen Produktion zutreffend sind.

Daß unsere Berechnungen der Wirklichkeit sehr nahe kommen, läßt sich ersehen aus anderen Zusammenstellungen, die auf anderem Wege ähnliche Resultate aufweisen. In Sachsen[2]) existiert die Fleischsteuer und dort beträgt der Konsum an frischem Rindfleisch (mit Ausschluß von Kalbfleisch, bei dem er $2—2_5$ kg pro Kopf beträgt) nach amtlichen Ausweisen[2]) im Jahre 1896 — 14_4 kg pro Kopf

" " 1897 — 15_3 " " "

[1]) Ohne Berücksichtigung des Fleischextraktes!

[2]) Statistisches Jahrbuch für das Königreich Sachsen 1898.

Es läßt sich nicht leugnen, daß sich in dieser Berechnung des Rindfleischkonsums eine Unbekannte, die in der heimischen Produktion steckt, die wir aber möglichst vollkommen zu eruieren suchten, befindet, während nur die Anteilnahme der ausländischen Zufuhr feststehend ist. Aus dieser feststehenden Thatsache erkennen wir, daß der heimische Bedarf zu seiner Befriedigung noch einer ausländischen Zufuhr benötigt, d. h. daß die heimische Rindviehzucht diesen Bedarf zur Zeit, d. h. 1897, wirklich nicht gedeckt hat.

Da diese Anteilnahme des Auslandes feststehend ist, so dürfte es nicht ohne Interesse erscheinen, die Entwickelung dieses Anteils zu verfolgen. Leider aber können wir an der Hand der Statistik einen solchen Vergleich nur für das Jahr 1898 in feststehenden Zahlen anstellen, da, wie gesagt, vor dem Jahre 1897 die Einfuhr des Fleisches ohne Unterscheidung angegeben wurde. Für die Entwickelung dieser Anteilnahme vor dem Jahre 1897 könnten wir einen Anhaltspunkt nur in der Einfuhr des lebenden Rindviehes gewinnen, da aber veterinär-polizeiliche Maßnahmen diese Einfuhr stark beeinflussen, erscheint auch in dieser Richtung ein zutreffender Vergleich ausgeschlossen. Bezüglich des eingeführten Fleisches können wir höchstens vermuten, wie viel von der ganzen Fleischeinfuhr auf das Rindfleisch entfalle, denn es fehlt jeder Anhaltspunkt für die Aussonderung des Rindfleisches aus der Gesamteinfuhr.

Fleischeinfuhr im Jahre 1898.

Was die Mehreinfuhr des Rindviehes und des Rindfleisches im Jahre 1898 im Vergleich zu derjenigen des Jahres 1897 anlangt, so haben wir folgendes Bild:

Mehreingeführt im Jahre 1898

156 006 Rinder à 235 kg . .	367 174	Dz
18 162 Kälber à 32 kg . .	5 810	"
5 % Abfälle	18 633	"
Summa	391 633	"
0_{44} % ungenießbar	1 921	"

Mehreingeführt an Rindvieh	389 712	Dz
Rind- und Kalbfleisch frisch	133 971	"
" " " einfach zubereitet .	22 017	"
In Büchsen oder ähnlichen Gefäßen . .	39 424	"
Summa	585 124	"

d. h. es wurden 4_{15} % mehr eingeführt an Rindfleisch, als im vorigen Jahre.

Sollte die deutsche Produktion den 1897er Anteil an der Versorgung im Jahre 1898 behaupten, so müßte sie auch absolut um 4_{15}% zugenommen haben, d. h. vorausgesetzt, daß in einem Jahre die Produktivität der Rinder sich nicht wesentlich verschoben haben dürfte, müßte sich der Rinderbestand in dem einen Jahre um 4_{15}% vermehrt haben. Mangels einer Rindviehzählung aus diesem Jahre, können wir nicht die wirkliche Zunahme verfolgen, aber aus jenen mangelhaften früheren Zählungen wenigstens vermuten, ob eine solche Zunahme möglich ist. In der 10jährigen Periode (1883—1892) hat sich der Rindviehbestand um 11_2% gehoben, d. h. jährlich (im Durchschnitt) 1_{12}% des 83er Bestandes, in der 5jährigen Periode (1892—1897) um 5_3%, d. h. jährlich um 1_{06}% des 92er Bestandes, und hier in dem einen Jahre müßte er sich um 4_{19}% vermehrt haben! Wenn wir annehmen würden, daß dies der Fall war, so könnten wir sagen, daß die heimische Rindviehwirtschaft den bisherigen Anteil an der Versorgung behauptet hat; widrigenfalls müßte sie von ihrem bisherigen Anteile einen Bruchteil an die ausländische Rindviehwirtschaft abgetreten haben. Welcher von diesen zwei Fällen wirklich stattgefunden hat, das können wir nur vermuten, einen Aufschluß darüber werden wir in der nächsten Viehzählung vom Jahre 1900 erhalten.

Abgesehen aber von einer etwaigen Zunahme des Konsums wollen wir nun prüfen, ob die heimische Produktion den gleichen Schritt gehalten hat mit der Zunahme der Bevölkerung. Einen solchen Vergleich können wir für die 5jährige Periode 1892—1897 aufstellen, denn in beiden Jahren haben wir Viehzählungen gehabt und in beiden Jahren ist der mittlere Bevölkerungsstand [1]) bekannt. Was die Viehvermehrung anlangt, so können wir eine Zunahme konstatieren, die 5_3%, d. h. 935078 Stück Rinder, beträgt. Vorausgesetzt, daß die Produktivität der Rinder dieselbe war, wie im Jahre 1897 [2]), erhalten wir eine Mehrproduktion von 443226 Dz und die Bevölkerungszunahme beträgt in dieser Periode 3251000, d. h. pro 100 zugewachsener Bevölkerung wurden 1363_{35} kg produziert. Der Konsum im Jahre 1892 dürfte aber für jede 100 Personen der Bevölkerung 1682_7 kg aus der heimischen Produktion [3]) betragen haben! Der Unterschied muß also durch die Mehr-

[1]) Nach amtlichen Aufzeichnungen. Stat. Jahrbuch des Deutschen Reichs.

[2]) Im Jahre 1897 dürfte vom heimischen Rindvieh 7 578 742 Dz Rindfleisch produziert worden sein, d. h. ein im Jahre 1897 vorhandenes Rindviehstück dürfte 47_4 kg Rindfleisch produziert haben.

[3]) Vorausgesetzt, daß jedes vorhandene Rind ebenso wie im Jahre 1897 47_4 kg Rindfleisch produzierte. Angenommen jedoch, daß im Jahre 1892 das Rindvieh

einfuhr gedeckt werden und deshalb sehen wir, daß sich sogar in dem einen Jahre 1897—98 die Mehreinfuhr pro 100 Personen von 106_{48} kg auf 109_{37} kg gehoben hat, d. h. um 2_{89}%.

Auch auf anderem Wege können wir eine relative Abnahme (d. h. langsamere Zunahme) der heimischen Produktion im Verhältnis zur Bevölkerung konstatieren. Im Jahre 1892 waren pro 100 Einwohner 35_5 Stück Rinder vorhanden, und im Jahre 1897 sind nur 34_7 Stück, d. h. 2_{11}% weniger! Es ist auch kaum zu glauben, daß die Vermehrung der Produktivität der Rinder das einholen dürfte, was durch die raschere Zunahme der Bevölkerung an der Quantität pro 100 Kopf verloren ging.

In jedem Fall dürfte die heimische Tierzucht nur mit großen Anstrengungen mit der Bevölkerungszunahme Schritt gehalten haben, abgesehen von der Zunahme des Konsums.

Fleischeinfuhr vor dem Jahre 1897.

Wenn wir jedoch die Entwickelung des Fleischkonsums überhaupt (mitinbegriffen Schweinefleisch und Hammelfleisch) vor dem Jahre 1897 schildern wollen, so können wir das nur bezüglich der ausländischen Zufuhr thun und in diesem Fall müssen wir auch die Einfuhr von lebenden Schweinen und Schafen berücksichtigen. Einen solchen Vergleich können wir erst vom Jahre 1889 genau aufstellen, denn erst seit diesem Jahre sind die statistischen Angaben vergleichbar, da damals nach Einverleibung der bis dahin dem Zollgebiete nicht gehörenden Freihäfen das Zollgebiet auf den jetzigen Umfang erweitert wurde.

	Mehr eingeführt Stücke							Mehr ausgeführt		
Jahr	Kühe	Stiere	Ochsen	Jungvieh bis 1½ J.	Kälber unter 6 Wochen	Schweine (außer Spanferk.)	Spanferkel	Schafvieh	Lämmer	Spanferkel
1889	87 014	3 535	10 873	43 194	11 888	317 527	98 117	596 631	8 543	—
1890	103 507	5 262	11 054	54 607	9 923	592 482	231 478	396 238	3 834	—
1891	130 522	6 099	40 660	71 302	11 749	730 213	181 405	220 860	4 434	—
1892	132 266	6 520	38 698	70 701	11 668	856 400	9 975	316 356	3 179	—
1893	80 208	7 266	35 477	6 295	12 481	796 680	37 975	420 450	9 805	—
1894	149 403	14 476	83 363	102 771	22 643	705 772	4 324	381 278	80 897	—
1895	109 233	10 831	57 580	83 083	14 632	315 697	—	332 726	7 578	30 635
1896	79 391	7 527	47 287	61 292	9 080	89 535	—	213 424	8 299	11 698
1897	70 950	5 602	47 331	66 957	14 142	85 234	—	197 307	17 220	244
1898	55 529	3 948	45 813	50 716	18 162	70 672	--	153 109	7 631	68

weniger, wie im Jahre 1897 produzierte, daß in dieser fünfjährigen Periode die Produktivität um 10% zugenommen hat, wird es in diesem Fall damals für 100 Personen 1530_{08} kg produziert haben. Die 100 Personen zugewachsener Bevölkerung erhielten im Jahre 1897 nur 1363_{35} kg! Der fehlende Rest mußte also entweder durch die Mehreinfuhr oder durch die Abnahme des Konsums ausgeglichen werden.

Zu dieser Mehreinfuhr an lebendem Vieh kommt noch die Mehreinfuhr des Fleisches (wie in der Statistik des auswärtigen Handels angegeben ist, nämlich unter dem Namen: Fleisch vom Vieh: ausgeschlachtetes, frisch und einfach zubereitet [eingesalzen, geräuchert, gekocht], Schinken, Speck, Würste rc., zum feineren Tafel-Genuß zubereitetes, auch in hermetisch verschlossenen Gefäßen, Fleischextrakt aller Art, auch in hermetisch verschlossenen Gefäßen).

In Doppelzentnern:

	Mehr eingeführt		Mehr ausgeführt
	Fleisch außer Fleischextrakt	Fleischextrakt	Fleisch außer Fleischextrakt
1889	—	4 391	34 037
1890	103 589	5 298	—
1891	81 632	6 006	—
1892	228 313	7 043	—
1893	128 975	5 379	—
1894	244 700	7 075	—
1895	300 628	7 295	—
1896	234 627	9 629	—
1897	441 520	10 236	—
1898	797 373	11 925	—

Aus dem Vergleich beider Tabellen sehen wir, daß vom Jahre 1896 die Zufuhr des lebenden Viehes stark abnimmt (was unter anderem auch auf veterinär-polizeiliche Erschwerungen infolge Seuchengefahr zurückzuführen ist). Besonders ist das auffallend bei der Schweineeinfuhr und in demselben Maße, wie die Zufuhr des Viehes abnimmt, sehen wir, daß die Zufuhr des fertigen Fleisches zunimmt. Ueber die Zu- bez. Abnahme der Fleischeinfuhr läßt sich aus den wechselnden Zahlen der einzelnen Viehgattungen nicht viel schließen, ebensowenig können wir aus diesen Tabellen den ausländischen Anteil an der Fleischversorgung Deutschlands ersehen. Zu diesem Zweck müssen wir die ganze Mehreinfuhr zusammenwerfen und die Umrechnung auf das konsumfähige Fleisch ohne Unterscheidung der Sorten vornehmen. In diesem Fall erhalten wir ein Bild desjenigen Fleischkonsums, der durch die ausländische Zufuhr gedeckt wird. Nach den Erfahrungen[1]) in den Schlachthöfen nehmen wir ein Fleischgewicht des Rindes mit 235 kg an, eines unter 6 Wochen alten Kalbes 32 kg, eines Schweines 82 kg, eines Schafes 20 kg, an Abfällen 5 % zugerechnet und 0_{44} % des Fleisches verworfen. Die Spanferkel und Lämmer lassen wir außer Rechnung, weil sie infolge ihres minimalen

[1]) Vgl. Anmerkung 1 S. 12.

Lebendgewichtes sehr wenig die absoluten Zahlen der Fleischeinfuhr beeinflussen dürften. Vorausgesetzt, daß sich das Schlachtgewicht des Viehes gar nicht in diesen 10 Jahren verschoben hat (was, nebenbei gesagt, unwahrscheinlich erscheint, und in diesem Fall dürften die Zahlen in späteren Jahren immer größer sein) erhalten wir folgendes Bild der fremden Mehreinfuhr [1]).

Fleisch in Doppelzentnern

Jahr	Ausgeschlachtet	im lebenden Vieh	Zusammen	Pro 100 Bevölkerung [2]) kg
1.	2.	3.	4.	5.
	(— 29 646)			
1889	—	512 096	482 450	98_6
1890	108 887	836 267	945 154	191_1
1891	87 638	1 198 543	1 286 181	267_4
1892	235 356	1 284 453	1 519 809	301_7
1893	134 354	920 518	1 054 872	207_0 } 263_3 [3])
1894	251 775	1 396 171	1 647 946	319_7 }
1895	307 923	839 662	1 147 575	219_8
1896	244 256	517 362	761 618	143_8
1897	451 756	504 586	956 342	178_2
1898	809 298	420 241	1 229 539	225_5

Aus dieser Zusammenstellung ersehen wir, daß bis 1892 die Zufuhr Jahr für Jahr zunimmt, absolut und relativ (Spalte 4, 5), und wenn wir die Verringerung der Viehbestände im Jahre 1893 berücksichtigen, können wir vermuten, daß der Fleischkonsum pro Kopf bei vorausgesetzt zunehmender heimischer Produktion, wenigstens, wenn nicht gestiegen so doch gleich geblieben ist. Abgesehen vom Jahre 1894, wo durch erhebliche Mehreinfuhr des lebenden Viehes die relative Mehreinfuhr des Fleisches stark beeinflußt wird, sehen wir, daß bis 1896 der Anteil der relativen Mehreinfuhr im Rückgange begriffen ist und im Jahre 1896 sehen wir seinen Wendepunkt. Zur Erklärung dieser rückläufigen Bewegung der fremden Mehreinfuhr können nur zwei Möglichkeiten in Betracht kommen, entweder ist die heimische Produktion so großartig gestiegen, daß sie den gleichgebliebenen Bedarf der Bevölkerung in größerem Grade befriedigt hat, d. h. einen Teil des früher vom Ausland gedeckten Bedarfs jetzt selbst deckt oder wenn sie in demselben Tempo, wie

[1]) Die Mehrausfuhr in manchen Fleischgattungen (umgerechnet auf Fleisch) ist abgezogen von der Mehreinfuhr anderer Gattungen.

[2]) Mitberücksichtigt die Bevölkerungszunahme in betreffenden Jahren.

[3]) Im Jahre 1894 ist die Mehreinfuhr im Rindvieh erheblich größer, weil die im Jahre 1893 wegen Futternot verringerten Bestände ergänzt werden mußten.

in vorigen Jahren, zugenommen hat, genügte sie deshalb, weil der Konsum überhaupt geringer wurde. Wenn man bedenkt, daß eine erhebliche Vermehrung der heimischen Produktion ihrer Natur nach nicht in einem Jahre stattfinden kann, daß diese Produktion vor dem Jahre 1893 und nach dem Jahre 1896 nicht genügte und das Ausland immer mehr in Anspruch genommen werden mußte, können wir die Vermutung über eine so große Steigerung der heimischen Produktion, daß sie den gleichbleibenden Bedarf gedeckt habe, als nicht haltbar bezeichnen. Denn, warum sollte die Produktion bloß in dieser Periode ausreichend gewesen sein, um den Bedarf im größeren Maße zu befriedigen? In dieser Hinsicht bleibt nichts übrig, als nur die Verringerung des Konsums anzuerkennen. Auf die Besprechung der Umstände, die auf diese Verringerung eingewirkt haben dürften, können wir uns aber nicht einlassen.

Inwiefern jedoch die Fleischpreise den Konsum beeinflußten, läßt sich Fleischpreise.
aus folgenden Zusammenstellungen ersehen [1]).

Kleinhandelspreise [2]) für 1 kg Fleisch in Pfennigen: R. = Rindfleisch, Schw. = Schweinefleisch.

Jahr	Berlin		Altona		Stuttgart		München		Mannheim		Mainz		Im Durchschnitt der 6 Städte	
	R.	Schw.	R.	Schw.	R.	Schw.	R	Schw.	R.	Schw	R.	Schw.	R.	Schw.
1891	129	136	147	123	130	136	124	136	136	136	120	140	131	136
1892	128	139	149	144	126	136	124	138	134	140	120	140	130	139
1893	125	132	143	150	114	134	124	134	122	140	108	140	122	138
1894	125	129	146	145	133	139	128	136	142	142	115	143	131	138
1895	123	125	149	136	137	128	130	132	141	136	125	149	134	134
1896	122	120	142	134	131	127	130	132	146	138	120	128	132	130
1897	123	130	145	142	130	144	128	·138	140	147	120	128	131	138
1898	127	136	140	155	130	150	128	144	140	150	123	139	131	147

[1]) Die Preise der einzelnen Orte sind überhaupt miteinander nicht vergleichbar, denn es müßten alle Umstände in Rechnung gezogen werden, die den Preis in der gegebenen Stadt bestimmen, nämlich die Gliederung der Fleisch konsumierenden Bevölkerung nach Alter, Geschlecht und Beruf, nach Einkommensverhältnissen, dann müßte berücksichtigt werden die Möglichkeit der Versorgung mit diesen Nahrungsmitteln; auch die Preisaufnahme in den verschiedenen Städten ist auf verschiedener Grundlage basiert, sowohl mit Rücksicht auf die Art der Aufnahme, wie mit Rücksicht auf die Qualität des aufgenommenen Fleisches. Infolgedessen dürften die Angaben höchstens innerhalb desselben Ortes vergleichbar sein.

[2]) Statisches Jahrbuch deutscher Städte. Breslau 1900. S. 257.

Wie wir sehen, ist im Jahre 1893 überall ein Rückgang zu verzeichnen, der jedoch bloß auf das gesteigerte Angebot (infolge Futternot) zurückgeführt werden dürfte, im Jahre 1894 und 1895 gehen die Rindfleischpreise in die Höhe (vermutlich wegen des geringen Angebots, infolge der zurückgegangenen heimischen Produktion, welche nicht das normale Stammvieh zur Verfügung hatte), während beim Schweinefleisch überwiegend ein Rückgang der Preise stattfindet; im Jahre 1896 ist ein Preisfall bei beiden Fleischsorten zu verzeichnen und von hier an ist eine Spaltung zwischen der Preisbewegung. Beim Schweinefleisch gehen die Preise in die Höhe, und beim Rindfleisch bleiben sie fast auf demselben Niveau wie im Jahre 1896. Die Schweineeinfuhrverbote bez. die Kontingentierung der Schweineeinfuhr haben die Schweinefleischpreise in die Höhe getrieben, wodurch der Preisunterschied zwischen dem Schweine- und Rindfleische, welcher im Jahre 1895 gänzlich verschwindet, im Jahre 1898 16 Pfg. pro 1 kg beträgt. Dieser Preisunterschied scheint den Konsum vom teureren Schweinefleisch zum billigeren Rindfleisch abgelenkt zu haben und auf diese Weise können wir uns klar machen, warum die Einfuhr des frischen Rindfleisches bei erschwerter Einfuhr von Rindvieh im Jahre 1898 so außerordentlich gestiegen ist, und dieser Umstand dürfte darauf hinweisen, in welchem Grade durch die relative Verbilligung des Rindfleisches der Rindfleischkonsum gesteigert werden kann.

Ein Kennzeichen dafür bieten auch die Preisverhältnisse der besseren und geringeren Sorten des Rindfleisches.

Für 1 kg Rindfleisch (I Keulefleisch, II Bauchfleisch) wurden bezahlt in Pfennigen[1]):

Jahr	Hannover		Köln		Breslau		Magdeburg		Chemnitz		Lübeck		Im Durchschnitt	
	I	II	I	II	I	II	I	II	I	II	I	II	I	II
1891	135	125	152	133	—	—	139	121	145	130	139	116	142	125
1892	135	125	148	129	144	136	144	124	135	121	138	116	141	125
1893	131	110	140	128	142	132	141	122	130	114	133	112	136	119
1894	135	113	140	120	144	136	142	119	132	118	137	114	138	120
1895	144	125	150	125	146	136	135	115	135	123	143	115	142	123
1896	135	117	145	115	146	136	136	114	133	108	147	111	140	127
1897	135	115	143	112	146	132	138	117	139	122	134	113	139	118
1898	135	118	146	117	146	132	145	125	144	125	136	118	142	122

Das Keulefleisch, welches von wohlhabenderen Abnehmern gekauft wird, unterliegt viel geringeren Schwankungen inbezug auf Maximal- und Minimalpreis als das minderwertigere Bauchfleisch. Der gegenseitige

[1]) Statistisches Jahrbuch deutscher Städte 1900. S. 357.

Preisunterschied zwischen beiden Sorten verschiebt sich von 23 Pfg. (1896) auf 21 Pfg. (1897) und 20 Pfg. (1898), d. h. das minderwertigere Fleisch ist relativ teurer geworden, und vermutlich deshalb, weil es mehr begehrt wird. Und warum wird es mehr begehrt? Würde dieser Bevölkerung die Zahlungsfähigkeit erlauben das I bezahlen zu können, so würde sie auch dasselbe vorziehen und in diesem Falle dürfte das II im Preise heruntergehen; weil aber die hohen Preise der besseren Sorten ein Hemmnis für sie bilden, so müssen sie die geringere Sorte in Anspruch nehmen. Mit einem Worte, die größere Zahlungsfähigkeit der Bevölkerung bewirkt die Steigerung des Fleischkonsums und analog dürfte auch die Verbilligung des Fleisches die Abnahme der Zahlungsfähigkeit kompensieren.

Wie durch Steigerung der Fleischpreise der Fleischkonsum der arbeitenden Klassen beeinträchtigt wird, zeigt folgende Tabelle[1]):

In Karlsruhe Verbrauch pro Kopf der Bevölkerung in kg.

	1897		1898	
Ochsenfleisch	11_{47}	19_{67}	11_{56}	19_{37}
Kalbfleisch	8_{20}		7_{81}	
Rindfleisch	12_{25}	37_{88}	10_{82}	34_{51}
Schweinefleisch	25_{63}		23_{69}	
Kuhfleisch	6_{93}		8_{45}	

„Während hiernach die Fleischteuerung im Jahre 1898 in den von den wohlhabenden Klassen in erster Linie gekauften Fleischarten keinen bemerkenswerten Rückgang verursacht hat, mußten die minder Bemittelten sofort ihren Konsum von Rind- und Schweinefleisch einschränken und teilweise durch das minderwertige Kuhfleisch ersetzen.“

Die Verbilligung des Fleisches dürfte den Konsum steigern und in weiterer Konsequenz dürfte der gestiegene Konsum zu seiner Befriedigung der Massenproduktion des Fleisches benötigen und durch die Massenproduktion dürfte die Viehwirtschaft wiederum ihre Rechnung finden. In erster Linie ist also für die Viehwirtschaft als Aufgabe die Steigerung des Fleischkonsums durch Verbilligung der Produkte herbeizuführen und durch zielbewußte Massenproduktion diesem Bedürfnisse entgegenzukommen. Diese Verbilligung des Konsums ist möglich durch die billigere Produktionsweise, durch die Verbesserung des Produktionsinstrumentes inbezug auf seine Produktivität einerseits und durch die billigere Zuführung des Produktes zum Konsumenten, d. h. durch die Verbilligung der Ver-

[1]) Entnommen dem „Jahresberichte der Großherz.-Badischen Fabrikinspektion für das Jahr 1899“. Karlsruhe 1900. S. 68.

Spannung zwischen Vieh- und Fleischpreisen.

mittelungsthätigkeit andererseits. Der Unterschied in den Preisen, welche der Produzent für das Vieh erhält und welche der Konsument für das Fleisch zahlen muß, ist in seiner Höhe verschieden. Man könnte erwarten, daß die Fleischpreise sich notwendigerweise — caeteris paribus — nach den Viehpreisen richten müßten und im gewissen gerechten Verhältnisse zu denselben stehen sollten. Wie es in Wirklichkeit damit steht, darüber belehrt uns die folgende Zusammenstellung:

Für 1 Dz II. Qualität wurden bezahlt in Mark:

Fl.p = Fleischpreise[1]) des Rindviehes, Gr.h = Großhandelspreise[2]) des Rindfleisches, Kl.h = Kleinhandelspreise[2]).

Jahr	Breslau[1])			Hannover			Straßburg			Mainz		
	Fl.p	Gr.h	Kl.h	Schl.p	Gr.h	Kl.h	Schl.p	Gr.h	Kl.h	Schl.p	Gr.h	Kl.h
1894	104_2	104	140	122_5	113	124	138_3	120	135	—	—	—
1895	100_8	100	141	124_2	105	134	133_4	118	129	131_7	117	125
1896	93_9	95	141	116_3	110	126	126_8	112	123	126_4	112	120
1887	92_7	100	139	114_5	110	125	126_1	119	129	124_6	110	120
1898	96[illegible]	101	139	116_3	112	127	126_7	118	133	128_1	115	123

Jahr	Durchschnitt			Differenz zwischen Gr.h u. K.lh
	Schl.p	Gr.h	Kl.h	Gr.h u. Kl.h
1894	130_4	112	133	21
1895	129_7	108	132	24
1896	123_2	107	128	21
1897	121_9	110	128	18
1898	123_7	112	131	19

Um den Unterschied zwischen Fleischpreisen des Rindviehes und den Groß- und Kleinhandelspreisen zu verstehen, müssen wir uns vergegenwärtigen, was man unter diesen Bezeichnungen versteht. Das Vieh, welches zur Schlachtbank kommt, ist anfangs beim Produzenten durch den kleinen Viehhändler gekauft, welcher gewöhnlich auf Rechnung des

[1]) Vierteljahrshefte zur Statistik d. D. R. 1899. Bd. I_{24}. In Breslau sind Notierungen nach Fleischgewicht der Rinder, während in anderen Städten nach Schlachtgewicht, deshalb ist bei der Berechnung des Durchschnitts der Fleischgewichtspreis unberücksichtigt geblieben. Unter Fleischgewicht ist das voraussichtliche Gewicht der vier Viertel zu verstehen, auf welche der ganze Stückpreis des Tieres ohne Abzug des Wertes von Haut, Kopf, Füßen, Eingeweiden (Kram) 2c. verteilt ist. Schlachtgewichtspreis dürfte 7 – 10 % höher sein als der Fleischgewichtspreis.

[2]) Stat. Jahrbuch Deutscher Städte. S. 355.

großen Viehhändlers oder auf eigene Rechnung für den großen die einzelnen Viehstücke einsammelt. Die in der Regel nach Augenmaß gekauften Viehstücke kommen in größeren Partien an die Viehhöfe, wo sie durch den Großhändler nach Fleischgewicht an die Schlächtereien verkauft werden. Von diesen wird das Vieh geschlachtet und dann wird das Fleisch in größeren Stücken nach Großhandelspreisen an die Fleischhändler[1]) verkauft. Die Fleischhändler vertreiben dann das Fleisch im Kleinen an die Konsumenten auf eigene Rechnung nach Kleinhandelspreisen. Hier sehen wir drei Hauptstufen 1. den Produzenten, welcher das Rohprodukt liefert, 2. den Schlächter, welcher es verarbeitet, und 3. den Konsumenten, welcher das fertige Produkt verzehrt. Als Vermittler zwischen den zwei ersteren fungiert der Viehhändler in zwei Abarten (der kleine und der große) und als Vermittler zwischen dem Schlächter und dem Konsumenten fungiert der Fleischhändler. Selbstverständlich hat jeder dieser Vermittler als freier Unternehmer das Interesse, den größten Gewinn einzustecken, und natürlich kann das nur auf Kosten des Produzenten oder des Konsumenten oder der beiden geschehen. Welcher von diesen den Nachteil hat, können wir an der Hand dieser Tabellen ziemlich genau verfolgen, z. B. Breslauer Kleinhandelspreise unterliegen ziemlich geringen Schwankungen, während die Großhandelspreise stark wechseln (im Jahre 1894 und 1896). Der Unterschied zwischen Groß- und Kleinhandelspreisen ist um so merkwürdiger, als die Fleischhändler fast kein Risiko in der Unternehmung haben dürften, denn sie bekommen das fertige Fleisch von den Schlächtereien und haben es nur weiter zu vertreiben. Sie kaufen nach Gewicht und verkaufen nach Gewicht und für diese Mühe schlagen sie im Durchschnitt der 5 Jahre 19% der Großhandelspreise zu. Die Schwankungen zwischen Fleischpreisen und Großhandelspreisen sind sehr geringe und dürften auch im gewissen Grade durch die Nebennutzungen des geschlachteten Viehes (Haut, Talg) beeinflußt werden, obwohl, wie wir an anderer Stelle gesehen haben, der Unterschied in Preisen der frischen Häute wohl sehr wenig die Hauptnutzung beeinflußt.

Dieser Unterschied dürfte auch in Prozenten, welche beim Kaufe nach Fleischgewicht in Abzug kommen, berücksichtigt und ausgeglichen werden. Aus dieser Tabelle sehen wir, wie große Unterschiede in den zwei Zwischenstufen (Groß- und Kleinhandel) vorkommen und wo der große Teil der gezahlten Fleischpreise hängen bleibt; analog könnten wir nur vermuten, wieviel in den ersteren Zwischenstufen verbleibt und daß der Kleinvieh-

[1]) In kleineren Städten ist diese Differenzierung allerdings noch nicht so weit vorgeschritten, und in diesem Falle vertreibt der Schlächter selbst das Fleisch.

händler, der nach Augenmaß das Vieh kauft, auch nicht geringen Gewinn zu machen versteht, können wir aus der Thatsache schließen, daß bei einem solchen Kauf ein geübter, in der Schätzung erfahrener Käufer dem ungeübten Verkäufer gegenübersteht. Daß so viel für lebendes Rindvieh (Flp.) bezahlt wird, wie in der Tabelle angegeben, damit ist noch nicht gesagt, daß die Produzenten diesen Preis voll bekommen, es ist bloß der Verkaufspreis des Großviehhändlers. Wenn wir das alles vor Augen haben, können wir nun vermuten, in welchem Maße durch zweckentsprechende Organisation der Vermittlungsthätigkeit die Rentabilität der Fleischproduktion vergrößert und andererseits gleichzeitig eine Verbilligung des Konsums herbeigeführt werden kann. Die Reform in dieser Hinsicht erscheint um so notwendiger, als sich einerseits die Fleischproduktion infolge der fremden Konkurrenz ungünstiger gestalten kann und andererseits die Verteuerung des Fleisches eine Verringerung des Konsums herbeiführen muß.

Milch und Milchprodukteneinfuhr.

Was nun die Versorgung mit Milch und Molkereiprodukten anlangt, so stößt man auf unüberwindbare Schwierigkeiten nicht nur bei der Berechnung des absoluten Verbrauches, sondern auch bei dem Versuche eines Vergleiches. Infolge der Unmöglichkeit einer Berechnung desjenigen Verbrauches, der aus der heimischen Produktion stammt, sind wir bloß auf eine Zusammenstellung derjenigen Mengen angewiesen, welche zur Deckung des eigenen Bedarfes vom Ausland bezogen wurden; aus dieser Zusammenstellung können wir jedenfalls ersehen, in welchem Maße diese Produkte, wenn sie im Inlande produziert würden, bei der deutschen Bevölkerung absatzfähig wären. In der Tabelle haben wir neben den Molkereiprodukten auch die Surrogate dieser Produkte angeführt, wie Schmalz von Schweinen [1]) und andere schmalzartige Fette (hauptsächlich Oleomargarine) auch Talg [1]) ohne diejenigen aber, die für Seifen- oder Lichtefabrikation eingeführt wurden, und zwar aus dem Grunde, weil diese Surrogate entweder direkt zum Konsum oder zur Bereitung der Kunstbutter (hauptsächlich) verwendet wurden. Da die Kunstbutter nur zum Ersatz der natürlichen Butter als Lebensmittel auftritt, so müssen wir sie auch berücksichtigen, um so mehr, als sie entbehrlich würde, wenn die natürliche Butter in ausreichender Quantität und entsprechender Zugänglichkeit des Preises vorhanden wäre. Nach den betreffenden Jahrgängen der Statistik des auswärtigen Handels des Deutschen Reichs wurden in Doppelzentnern:

[1]) Deshalb angeführt, weil bis zu dem Jahre 1897 die anderen Fette nicht unterschieden wurden und auch bei der Zubereitung der Speisen ist wohl das Schweineschmalz nur als Ersatz der teureren Butter anzusehen.

Jahr	Mehr eingeführt:						Mehr ausgeführt:					
	Butter[1]) frisch, gesalzen und geschmolzen	Frische Milch u. Rahm	Kondensierte Milch	Käse aller Art	Schmalz und Fette[2])	Talg, roh, gesalzen u. gepreßt	Butter	Frische Milch	Kondensierte Milch	Käse	Schmalz	Talg
	1	2	3	4	5	6	1	2	3	4	5	6
1889	27 516	40 530	—	71 620	673 408	112 070	—	—	13 818	—	—	—
1890	18 665	55 581	—	65 087	918 819	127 167	—	—	13 117	—	—	—
1891	2 408	61 495	—	65 537	873 840	101 317	—	—	11 096	—	—	—
1892	—	77 549	—	69 118	986 704	118 694	456	—	10 246	—	—	—
1893	—	100 070	—	67 526	721 452	156 814	6 471	—	14 202	—	—	—
1894	—	120 040	—	67 203	790 651	182 091	2 366	—	18 192	—	—	—
1895	2 328	111 035	—	71 365	781 298	182 468	—	—	28 146	—	—	—
1896	7 770	60 183	—	83 558	918 094	181 318	—	—	25 591	—	—	—
1897	67 104	40 156	—	105 637	1 176 754	154 646	—	—	28 286	—	—	—
1898	78 761	46 162	—	128 962	1 419 336	233 059	—	—	23 773	—	—	—

[1]) An der Mehreinfuhr sind 1898 beteiligt: Milchbutter 85_8 %, Butterschmalz 11_9 %, Margarine 2_3 %.

[2]) 1897 beteiligt: Oleomargarine 17_0 %, Schweineschmalz 82_7 %, Gänseschmalz 0_{01} %, andere 0_{28} %.

Wir sehen, in welchem Grade die Mehreinfuhr dieser Produkte sich steigert, besonders was den Butterimport (natürliche und Kunstbutter) anlangt. Die Minderung der Mehreinfuhr der frischen Milch (Spalte 2) läßt sich mit Erschwerungen durch veterinär-polizeiliche Maßregeln erklären. Aus dieser Tabelle ersehen wir auch, in welchem Grade die Steigerung der Produktion dieser Lebensmittel wünschenswert erscheint.

II.

Im Interesse der deutschen Volkswirtschaft muß deshalb eine Steigerung der heimischen Produktion sowohl in Bezug auf die Quantität der Tiere, wie in Bezug auf ihre Leistungen verlangt werden.

Die Möglichkeit einer Steigerung ist aber nicht in beiden Richtungen gleich, denn während der quantitativen Vermehrung der Tiere gewisse Grenzen gezogen sind, gibt es bei der Produktivitätssteigerung [1]) vorläufig keine solchen. In ersterer Hinsicht ist der Boden maßgebend, denn mehr als ein gewisses Maximum der Tiere kann unmöglich auf der gegebenen Fläche ernährt werden und weil (noch bisher) bei der Rindviehhaltung die Bodenprodukte die Grundlage bilden, müssen wir dieses Maximum etwas näher anschauen.

Da wir Bayern zum Gegenstand unserer Betrachtung genommen haben, werden wir uns darauf beschränken, bloß die bayerischen Verhältnisse zu berücksichtigen.

Rindviehdichte pro 1 qkm.

Nach den Ergebnissen der Viehzählung vom 1. Dezember 1897 waren im Königreich 3 419 421 Stück Rinder vorhanden. Wenn wir die jetzige Verteilung des Rindes pro 1 qkm im Vergleich zu derjenigen früherer Jahre ansehen, bekommen wir folgendes Bild:

---

[1]) Die durchschnittliche Milchmenge einer Kuh beträgt jährlich in Deutschland 12—1500 kg Milch mit 3_5 – 4% Fett. Bei den Versuchen mit ausgesuchten besten Kühen gab die eine Kuh bei 500 kg Lebendgewicht 2146 kg Milch und daraus 81 kg Butter (nicht Fett!), die andere Kuh bei derselben Fütterung gab 3601 kg Milch und daraus 150 kg Butter. (Arbeiten der Deutschen Landw. Gesellschaft Heft 28 S. 161.) In Amerika ist eine Kuh ins Herdebuch erst dann aufnahmefähig, wenn sie nachweislich 5350 kg Milch in 10 aufeinander folgenden Monaten gibt. Bei Milchkonkurrenzen steigen die Milchleistungen einer Kuh auf 13 500 kg; der Fettgehalt der Milch ist durchschnittlich 4—6% und steigt auf 7 – 8%. Die amerikanischen Molkereien gehen so weit, daß sie die Abnahme der Milch unter 4% Fettgehalt verweigern. (Die Landwirtschaft in den Verein. Staaten v. Fr. Ötken, Berlin 1893, S. 308 ff., Deutsche landwirtsch. Presse 1892 Nr. 53.)

Es kommen auf 1 qkm Stück Rinder

	1863	1873	1883	1892	1897
Oberbayern . .	38_1	37_3	36_7	39_2	41_0
Niederbayern . .	49_5	47_7	48_4	53_2	53_3
Pfalz	37_5	37_4	36_9	41_6	42_9
Oberpfalz . . .	40_1	36_0	35_8	39_8	39_7
Oberfranken . .	40_9	39_8	37_5	41_2	41_8
Mittelfranken . .	40_3	39_3	39_6	44_2	45_7
Unterfranken . .	41_0	34_4	34_6	38_8	40_4
Schwaben . . .	47_5	56_6	48_8	53_5	55_1
Königreich . . .	41_9	40_4	40_0	44_0	45_1

Die absolute Zahl der Rinder hat im Königreich seit 1892 zwar zugenommen, aber wenn wir die Schwankungen in früheren Perioden und in den einzelnen Regierungsbezirken vergleichen und die technischen Fortschritte auf dem Gebiete der Futterproduktion und der Viehhaltung ins Auge fassen, müssen wir zugeben, daß diese Vermehrung nicht überall und nicht in dem Maße, wie es zu erwarten war, stattgefunden hat. Besonders aber ist es auffallend, daß in den letzten 5 Jahren die Zunahme nur 2_5 %, betrug, während sie in der vorhergehenden 10jährigen Periode 10 %, d. h. in 5 Jahren 5 %, ausmachte.

Um dies erklären zu können, müssen wir etwas näher die Bedingungen betrachten, unter denen der großartige Aufschwung in der ersten Periode eintrat. In den letzten Jahren ist oft darüber gesprochen worden, daß infolge der großen überseeischen Getreidekonkurrenz der heimische Körnerbau zu Gunsten des Futterbaues verringert werden sollte und daß man dementsprechend die Rindviehhaltung vermehrt hat, weil es rentabler wurde, statt Getreide die tierischen Produkte zu produzieren. Ob dies auch in Bayern rentabler gewesen wäre, können wir hier nicht untersuchen. Ueber die thatsächliche Ausdehnung des Körnerbaues und des Futterbaues aber geben folgende Zahlen einen Aufschluß. Vermehrung in den Jahren 1883—1892.

Im Königreich Bayern wurden angebaut in Prozenten der Gesamtfläche[1]) (7 586 465 ha):

[1]) Mit Rücksicht auf die Veränderungen in der landwirtschaftlich benützten Fläche wurde der Genauigkeit halber die Gesamtfläche zu Grunde gelegt. Die landwirtschaftliche Fläche beträgt 61_1 % der Gesamtfläche und die vorhin genannten Veränderungen betragen 0_3 % der Gesamtfläche.

	1883[1])	1892[2])	1897[3])
mit Körnerfrüchten	21_{95}	22_{16}	22_{25}
mit Futterpflanzen[4])	20_{52}	21_{11}	21_{35}

Die zum Körnerbau bestimmte Fläche hat sich seit 1883 gar nicht vermindert, sondern sogar um 1_{01} % in der ersten und 0_{33} % in der zweiten Periode vemehrt, während die zur Futtergewinnung bestimmte Fläche auch eine Vermehrung ausweist, welche jedoch bei näherer Betrachtung bloß als eine rechnerische aufgefaßt werden kann. Ein großer Teil derjenigen Fläche, welche bei der 1883er Aufnahme als Oedland und Unland figuriert, wurde bei der 1892er als Weideland angenommen und die Vermehrung der Futterfläche besteht deshalb hauptsächlich in der Ausdehnung der Weiden und Hutungen. Daß dies nicht viel zu der Vergrößerung des Rindviehstandes beitragen dürfte, ist kaum zu bezweifeln.

Dasselbe trifft für die absoluten geernteten Futtermengen zu, denn es wurden an Trockenfutter[5]) geerntet:

	1884	1888	1892
Klee	1 311 520 t	1 143 077 t	1 307 883 t
Lucerne	133 924 t	179 129 t	149 645 t
Esparsette	38 410 t	32 358 t	33 846 t
Grassaat aller Art .	75 279 t	60 432 t	61 398 t
Wiesenheu	5 537 186 t	5 015 096 t	5 611 674 t
Summa	7 096 319 t	6 430 092 t	7 164 446 t

Die Differenz zwischen den Jahren 1884 und 1892 (68 000 t) ist wahrscheinlich durch die in derselben Periode erfolgte Vermehrung des Pferdebestandes in Anspruch genommen worden und deshalb können wir mit Recht behaupten, daß die Vermehrung des Rindviehs nicht mit veränderten Anbauverhältnissen zu erklären ist. Ohne Bedeutung für Bayern dürfte auch die Zufuhr von Futterkräutern sein; es hat sich zwar die Mehreinfuhr über die Zollgrenze für das ganze Reich von 260 t im Jahre 1884 auf 63 082 t im Jahre 1892 gehoben[6]), aber von dieser Mehreinfuhr dürfte auf Bayern kein erheblicher Teil entfallen.

---

1) Monatshefte der Statistik des Deutschen Reiches 1883.

2) Vierteljahrshefte der Statistik des Deutschen Reiches 1894.

3) Vierteljahrshefte der Statistik des Deutschen Reiches 1898.

4) Zu Futterpflanzen mitgerechnet das Wiesen- und Weideland und Hüttungen.

5) Statistisches Jahrbuch für das Königreich Bayern 1894.

6) Wegen der Veränderung des Zollgebiets sind die Zahlen nicht ganz vergleichbar.

Es bleibt nichts übrig als nur anzunehmen, daß die technischen Fortschritte in der Verwertung des geernteten Futters, in der Art und Weise der Fütterung, die Fortschritte in Warte und Pflege, die intensivere Anwendung der Kraftfuttermittel und gewerblichen Surrogate die Ursachen waren, welche die Rindviehhaltung lohnender gestalteten und zu der Vermehrung aufmunterten.

In der Periode 1892—1897 haben wir schon nicht nur die Vermehrung der Futterfläche um 18 283 ha, sondern auch größere Futterernten zu beobachten. Im Jahre 1897 wurden an Trockenfutter um 1 697 600 t mehr gewonnen als im Jahre 1892, und die durchschnittliche Futterernte[1]) pro ha betrug in Dz.: Vermehrung im Jahre 1892 bis 1897.

	1892	1897
Kleeheu . . .	45	58
Luzerne (trocken)	49	80
Mais (trocken) .	—	72
Wiesenheu . .	39	53

In dieser Periode spielt schon die Futterernte eine Rolle bei der Vermehrung der Rindviehzahl. Auf Grund der Beobachtungen in der ersten Periode hätten wir erwarten sollen, daß sich die Rindviehzahl in der zweiten noch mehr vergrößert haben würde, als in der ersten; statt dessen aber ist nur eine geringe Zunahme wahrzunehmen, die schon allein durch die größeren Futterernten leicht zu erklären ist. Wir sehen auch aus der Verteilung pro 1 qkm, daß sich das Rindvieh in den einzelnen Regierungsbezirken in verschiedener Zahl findet. Die größte Zahl der Rinder pro 1 qkm ist in Schwaben vorhanden, in der Oberpfalz dagegen nur 74_2% davon.

Wir müssen zwar berücksichtigen, daß die Verhältniszahlen pro 1 qkm der Gesamtfläche nicht maßgebend sein können für den Vergleich der Rindviehdichtigkeit bei zwei verschiedenen Gegenden, denn die Verteilung des Rindes hängt vielmehr von der Ausdehnung der vorhandenen landwirtschaftlich benützten Fläche, besonders aber von dem zur Futtergewinnung verwendeten Areal ab. Wenn wir die beiden oben genannten Regierungsbezirke bezüglich der Viehdichtigkeit vergleichen wollen, müssen wir diese Rindviehverteilung nach obigen Grundsätzen feststellen. Es werden ernährt auf 100 ha der Viehdichtigkeit pro 1 ha landwirtsch. Fläche.

	landw. benützten Fläche	Futterfläche
in Oberpfalz . .	146 Rinder	258 Rinder
in Schwaben . .	77 „	177 „

[1]) Statistisches Jahrbuch für das Königreich Bayern 1898.

Abgesehen von der Futterfläche sehen wir, daß die Verhältniszahlen bei der landwirtschaftlich benützten Fläche sehr große Unterschiede zeigen und hier tritt uns das umgekehrte Bild entgegen wie bei der Verteilung pro 1 qkm der Gesamtfläche. Es wird nämlich zur Ernährung eines Rindes benötigt:

in Oberpfalz . . . . . 0_{68} ha,
in Schwaben . . . . . 1_{43} ha,

d. h. Oberpfalz ernährt aus derselben landwirtschaftlich benützten Fläche doppelt soviel Rindvieh wie Schwaben. Diese Thatsache ist jedenfalls nur von einer relativen Bedeutung, denn hier ist das Lebendgewicht der Rinder nicht berücksichtigt und bloß die Stückzahl. Diese Verteilung der Rinder allein gibt auch kein klares Bild über die Intensität der Tierhaltung überhaupt, denn in dieser Beziehung läßt erst die Berücksichtigung sämtlicher Haustiere (also Pferde, Rinder, Schafe und Schweine) ein richtiges Urteil gewinnen.

Nach den Ergebnissen der Viehzählung vom 1. Dezember 1897 sind vorhanden:

	Pferde[1]	Rinder	Schafe	Schweine
in Oberpfalz . . .	18 725	384 139	82 208	177 817
in Schwaben . . .	59 385	541 454	131 859	144 641

Das Lebendgewicht der Rinder und Schweine nehmen wir aus der Berechnung des Durchschnittslebendgewichtes für die einzelnen Regierungsbezirke bei der Viehzählung 1892, wobei das ausgewachsene Schwein zwei jüngeren an Gewicht gleichkommt. Das Lebendgewicht[2]) eines $^3/_4$ Pferdes = 2 Fohlen = 10 zweijährige Schafe = 20 jüngere Schafe nehmen wir auf 500 kg an, was z. Z. üblich ist.

Nach der Umrechnung erhalten wir Oberpfalz:

3760 Fohlen + 14 965 alte Pferde	=	10 892 t
384 139 Rinder	=	110 102[3]) t
82 208 Schafe { 44_8 % unter 2 Jahren . . / 55_2 % ältere (45 380 Stück) } . . .	=	3 189 t
177 817 Schweine { 71_5 % unter 1 Jahre à 49 kg (127 139 Stück) / 28_5 % ältere . . . à 98 kg }	=	11 194 t
Summa		135 377 t

[1]) Einschließlich Militärpferde.
[2]) Goltz, Handbuch der Gesamten Landwirtschaft. I. S. 241.
[3]) Statistisches Jahrbuch für das Königreich Bayern. 1897. S. 81.

Lebendgewichtes, die auf 553 075 ha ernährt werden, d. h. es werden auf 1 ha 244 kg Lebendgewichtes der Haustiere ernährt.

Für Schwaben erhalten wir folgende Rechnung:

9388 Fohlen + 49 997 Pferde	. . . .	=	36 424 t
384 139 Rinder	. . . .	=	170 239[1]) t
131 859 Schafe	55_6% jüngere, 58 546 ältere	=	4 760 t
141 641 Schweine	85_4% jüngere à 55_5 kg, 20 600 ältere à 111 kg . .	=	9 004 t
	Summa		220 427 t

Lebendgewichtes werden auf 687 496 ha ernährt, somit auf 1 ha 320 kg Lebendgewichtes, d. h. 31_1% mehr als in Oberpfalz.

Angenommen 1 Stück Großvieh = 500 kg, so werden zur Ernährung eines Großviehs gebraucht:

in Oberpfalz . . . . . 2_{05} ha

in Schwaben . . . . . 1_{59} ha

landwirtschaftlich benützter Fläche. Wir sehen, wie große Schwankungen in der Ausnützung des Bodens durch die Tierhaltung vorkommen, und dieses Beispiel möge schon als Beleg dafür dienen, was in dieser Richtung noch geschehen kann und wie die Tierhaltung der weiteren Vermehrung fähig ist.

Im ganzen Königreich werden auf 1 ha landwirtschaftlich benützter Fläche 282 kg Lebendgewichtes der Tiere ernährt und soll der Nutzviehstand wenigstens den schwäbischen Stand erreichen, so müßte er um 13_5% des bisherigen vergrößert werden.

Im großen Durchschnitt dürfte die Nutzviehhaltung[2])

ungemein stark	sein,	wenn	700—1000	kg Lebendgew.	pro 1	ha kommen
sehr stark	„	„	450— 700	„ „	„ 1	„ „
stark	„	„	300— 450	„ „	„ 1	„ „
mittelstark	„	„	200— 300	„ „	„ 1	„ „
schwach	„	„	150— 200	„ „	„ 1	„ „

Aus diesem Vergleich können wir ersehen, wo die Grenzen der Möglichkeit liegen und wieweit von diesen Grenzen die bayerische Tierhaltung entfernt ist.

Daß selbst die Rindviehhaltung noch nicht ihren höchsten Punkt hinsichtlich der Dichtigkeit erreicht hat, können wir aus dem Vergleich mit

[1]) Statistisches Jahrbuch für das Königreich Bayern. 1897. S. 81.

[2]) Goltz, Handbuch der Gesamten Landwirtschaft. I. S. 241.

anderen Staaten ersehen, die auch noch nicht an der Grenze der Möglichkeit angelangt, die aber in der Rindviehhaltung Bayern voran sind. Es kamen im Jahre 1897 auf 100 ha landwirtschaftlich benützter Fläche z. B. in:

Württemberg . . .	79_6	Rinder
Baden	75_9	"
Bayern	73_7	"
Deutschen Reich . .	52_5	"

Viehstärke in den Betrieben. Das sind bloß allgemeine Anhaltspunkte zur Erkenntnis der Vermehrungsmöglichkeit, jetzt wollen wir diese Möglichkeit von einem anderen Gesichtspunkte ins Auge fassen.

Nach der Betriebszählung vom 14. Juni 1895 sind auf 100 ha landwirtschaftlich benützter Fläche ernährt worden[1]):

bei Betrieben bis	Stück Rindvieh
ha 5	97_0
5—20	76_5
20—50	61_5
50—100	47_8
über 100	33_6

Es wird also auf den kleineren Betrieben im Verhältnis zu der landwirtschaftlichen Fläche mehr Rindvieh gehalten als bei größeren. Je größer der Betrieb, desto geringer die Zahl der Rinder und bei Betrieben über 100 ha geht sie so weit zurück, daß hier bloß ein Drittel von demjenigen Rindvieh gehalten wird, welches in den bis 5 ha großen Betrieben auf derselben Fläche ernährt wird.

Aus dieser Tabelle können wir feststellen, welche Betriebsgrößen die Rindviehhaltung am zahlreichsten betreiben und berechnen, wie weit die Rindviehhaltung vermehrt werden müßte, wenn alle Betriebe dieselbe Viehstärke aufweisen sollten. Daß diese Viehstärke der kleinen Betriebe an und für sich auch bei den größeren durchführbar wäre, bedarf keines Beweises. Nur müßten die nötigen Betriebskapitalien und Arbeitskräfte zur Verfügung stehen, vor allem aber müßte man den Beweis oder wenigstens die Aussicht haben, daß es für den Betrieb wirtschaftlicher sein würde.

[1]) Statistisches Jahrbuch für das Königreich Bayern. 1898. S. 55.

II. Teil.

Förderung der Rindviehzucht in der Gegenwart.

Aus allen vorhergehenden Betrachtungen läßt sich die Thatsache fest- Allgemeines. stellen, daß die tierischen Produkte nicht in solcher Menge im Deutschen Reich erzeugt werden, wie dies zur Deckung seines Bedarfes notwendig ist. Auch die Thatsache steht fest, daß sich die heimische Produktion nicht in demselben Verhältnis, wie die Bevölkerung vermehrt, und wenn wir berücksichtigen, daß in unserer Berechnung der günstigste Fall als Ausgangspunkt genommen wurde, müssen wir diese relative Abnahme der Produktion um so mehr als Thatsache anerkennen. Für die Zukunft ist aber vorauszusehen, daß Hand in Hand mit der Besserung der wirtschaftlichen Lage der arbeitenden Klassen auch ihre Ansprüche an kräftigere und feinere Nahrungsmittel steigen werden, und daß auch die ländliche Bevölkerung, wenn schon in langsamerem Tempo, darin folgen wird. In diesem Fall ist die ausgedehnte Steigerung des Konsums als sicher zu betrachten, um so mehr, als wir die Ansätze zu einer solchen Steigerung in den letzten Jahren beobachtet haben. Auch die Möglichkeit einer Ausdehnung der Produktion ist, wie wir gesehen haben, mit Rücksicht auf die Grundbedingungen der Rindviehhaltung in großem Maße gegeben. Diese Vermehrung wird aber nur eintreten, wenn die Produktion rentabel ist. Diese Rentabilität ist gewissermaßen bisher gesichert, nicht wegen schutzzöllnerischer oder veterinärpolizeilicher Maßnahmen, sondern wegen der Beschaffenheit dieser Produkte. Diese ist die Ursache gewesen, daß die tierischen Produkte nicht in größerem Maße als Welthandelsartikel aufgetreten sind. Ihre geringe Haltbarkeit und Transportfähigkeit, besonders in Primaqualitäten bewirkt, daß die heimische Rindviehhaltung nicht in dem Grade, wie beim Körnerbau, von der ausländischen Konkurrenz abhängig ist. Ob aber die Fortschritte im Transportwesen und der Konservierungstechnik nicht schon in der nächsten Zukunft eine Veränderung auf diesem Gebiete hervorrufen werden, erscheint mehr als zweifelhaft. Deshalb ist die Steigerung der Konkurrenzfähigkeit der heimischen Produktion von besonderer Wichtigkeit. Auf die Erreichung dieses Zieles haben alle Maßnahmen und Vorkehrungen einen großen Einfluß, denn sie zeigen, auf welche Weise diese Konkurrenzfähigkeit gefördert wird. Wir müssen deshalb diese Maßnahmen etwas näher anschauen, und zwar werden wir 1. die der Gesetzgebung und 2. die freiwilligen voneinander getrennt halten. Das ist um so mehr geboten, als die ersteren infolge ihrer obligatorischen Einwirkung von größerem Einflusse sind als die letzteren.

A. Körungen und Zuchtstierhaltung.

1. Körwesen.

Allgemeines. Jedwede Leistung ist überhaupt durch die Leistungsfähigkeit und diese durch die Eigenschaften des betreffenden Produktionsinstrumentes bedingt. Das Tier als ein Produkt der Natur, als Produkt der Boden- und klimatischen Verhältnisse, hat auch seine ihm von der Natur gegebenen Eigenschaften, und der Mensch, der mit der steigenden Kultur sich immer mehr die Herrschaft über die Naturkräfte anzueignen bestrebt ist, hat auf diesem Gebiete das freie Walten der Natur nur insofern zu beherrschen gewußt, daß diejenigen Eigenschaften der Tiere, die ihm die größten Vorteile bieten, durch sein planmäßiges Eingreifen gesteigert und dann allmählich als natürliche Eigenschaften von den Tieren angeeignet und als solche weiter vererbt werden. Durch die richtige Auswahl der Elterntiere ist dem Züchter die Möglichkeit gegeben, diejenigen Eigenschaften bei dem neugeborenen Tiere zum Vorschein zu bringen, die ihm mit Rücksicht auf die spätere Leistung des Tieres als die zweckdienlichsten erscheinen. In früheren Zeiten, als diese Leistungen der Tiere nicht in solchem Maße spezialisiert wurden, wie wir es jetzt verlangen, hat man auch auf die einzelnen Nutzeigenschaften der Tiere keinen so großen Wert gelegt, es handelte sich doch um die allseitige Leistung des Tieres. Mit den steigenden Ansprüchen ist es zur Notwendigkeit geworden, diejenigen Fähigkeiten der Tiere immer mehr zur Vervollkommnung zu bringen, welche die gewünschten Nutzungen gewähren. Die Vervollkommnung dieser Eigenschaften in den Nachkommen ist aber nur dann möglich, wenn die Elterntiere mit der größten Sorgfalt bezüglich dieser Eigenschaften gewählt und gepaart werden.

Bei den Betrieben mit größeren Viehherden ist schon die Möglichkeit vorhanden, dieser Anforderung der richtigen Auswahl Rechnung zu tragen, denn hier stehen leichter nicht nur die nötige züchterische Einsicht, sondern auch die nötigen Mittel zur Anschaffung des dem Ziele am besten entsprechenden Zuchtmaterials zur Verfügung. Anders stellt sich die Sache bei den kleineren Tierzüchtern, die gewöhnlich weder über das eine noch über das andere in genügendem Maße verfügen und da muß die Allgemeinheit zu Hilfe kommen, wenn ihr die Entwickelung der heimischen Rindviehzucht am Herzen liegt.

Besonders in neueren Zeiten sind vielfache Bestrebungen zu verzeichnen, die ein immer tieferes Eingreifen des Staates in die Privatverhältnisse auf diesem Gebiete aufweisen, und fast in allen Ländern hat man eine gesetzliche Regelung in dieser Hinsicht durchgeführt, was nicht ohne Einfluß auf das Emporblühen der Rindviehzucht in denjenigen Staaten gewesen sein dürfte, wo die Handhabung dieser Maßregel den Verhältnissen angepaßt war.

Körgesetz vom 5. April 1888.

Speziell für Bayern ist, abgesehen von den Verordnungen vom 17. Februar 1855 für die Pfalz und vom 4. Mai 1857 für das rechtsrheinische Bayern, wonach in jeder Gemeinde die erforderlichen, nach der Zahl der vorhandenen, faselbaren Kühe und Kalbinnen bemessene Zuchtstiere aufgestellt werden sollten, und abgesehen von der für das ganze Königreich geltend gewesenen Verordnung vom 17. November 1875, die Hebung der Rindviehzucht in den Gemeinden betreffend, wonach die Ankörung eines Zuchtstieres nur für den Gebrauch der Gemeinde und nur auf Grund der körperlichen Beschaffenheit und des Alters des Stieres zu erfolgen hatte, die Haltung der Zuchtstiere aber für den Gemeindegebrauch nicht geregelt wurde, das zur Zeit bestehende Gesetz vom 5. April 1888 in beiden Richtungen, was die Körung der Zuchtstiere und die Haltung derselben betrifft, daraufhin gerichtet, „die bestehenden bayerischen Viehschläge zu erhalten und auszubilden", um sie der Konkurrenz gegenüber kräftiger und widerstandsfähiger zu stellen.

Das oben angeführte Gesetz zerfällt seinem Inhalte nach in zwei Teile; in dem ersten Teil ist von der Zuchtstierhaltung in den Gemeinden die Rede, der zweite Teil enthält die Bestimmungen über die Körung. Mit Rücksicht darauf, daß die Körung einen wesentlich größeren Einfluß auf die Hebung der Rindviehzucht im Lande auszuüben vermag, werden wir uns diese Bestimmungen etwas näher anschauen, um ihre Wirkungen nach 10jähriger Anwendung prüfen zu können.

I. In 6 Artikeln (§§ 8—13) sind die Verpflichtungen der Viehbesitzer in Betreff der Bedeckung ihrer Tiere und die Obliegenheiten der die Körung ausführenden Kommissionen festgestellt. Es dürfen hiernach zur Bedeckung fremder Kühe und Kalbinnen nur die durch den Körausschuß nach vorheriger Prüfung angekörten, d. h. als zuchttauglich anerkannten Zuchtstiere verwendet werden. Ein solcher Körausschuß ist für jeden Bezirk einer Distriktsgemeinde (und nötigenfalls für die unmittelbar einer Kreisregierung untergeordneten Städte) zu bilden, und hat prinzipiell einmal im Jahre die Hauptkörungen durchzuführen und für die tauglich befundenen Zuchtstiere einen zur nächsten Hauptkörung und auf beschränkte Ortschaften giltigen Körschein auszufertigen, welcher im Falle des Untauglichwerdens des betreffenden Zuchtstieres eingezogen werden kann.

Nach der Vollzugsverordnung besteht der Körausschuß aus drei Mitgliedern: dem beamteten Tierarzt (oder dem Distriktstierarzt), einem vom Distriktsrat, und einem von der betreffenden Gemeinde zu wählenden Sachverständigen.

Hinsichtlich der Beurteilung eines Zuchtstieres hat dieser Körausschuß festzustellen, ob die untersuchten Zuchtstiere zur Zucht für den Bezirk, in dem sie verwendet werden sollen, tauglich sind, d. h. ob sie gesund, sowie ihrer ganzen Beschaffenheit und ihrem Alter nach zur Zucht geeignet sind und auch den bezüglich der Rasse zu stellenden Anforderungen, insbesondere mit Rücksicht auf die in dem betreffenden Bezirke vorherrschenden Viehschläge, entsprechen.

Nach dieser Direktive entscheidet der Körausschuß endgiltig über die Ankörungen und somit auch über die Zuchtrichtung in der betreffenden Gegend.

Dieser Körausschuß ist, wie wir gesehen haben, aus drei Personen zusammengesetzt und der Beamte, nämlich der Tierarzt, welcher auch den Vorsitz führt, hat auch alle mit dem Körgeschäfte zusammenhängenden Angelegenheiten zu erledigen. Wenn wir berücksichtigen, daß der Gemeindesachverständige nicht überall mit der nötigen züchterischen Einsicht begabt ist, um bei der Beurteilung des Zuchtstieres in Bezug auf seine Zuchteigenschaften ein entscheidendes Wort mitreden zu können, daß er auch nicht überall im stande ist, sich ein Urteil über die Zuchtrichtung in der Gegend, in welcher der anzukörende Zuchtstier mit dem vorherrschenden Viehschlage übereinstimmen sollte, zu bilden, daß er auch, sogar bei den besten Kenntnissen und größter Sachverständigkeit gewöhnlich dem vorsitzenden Tierarzt als einem Beamten nicht entgegentreten will, werden wir zu der Erkenntnis gelangen, daß der betreffende Tierarzt fast allein über die Rindviehzucht in seiner Gegend entscheidet. Denn das vom Distrikt gewählte Mitglied hat, mag es auch die besten Fachkenntnisse besitzen, nicht die Mittel in der Hand, ein Veto auszusprechen; es muß auch im Nichtkonvenierungsfalle das Protokoll der Ankörung unterschreiben, wodurch dieser Sachverständige nicht im stande ist, seine abweichende Meinung zur Geltung zu bringen, um so weniger, als er durch den Stellvertreter in der Durchführung der Körung nach Belieben des Vorsitzenden vertreten werden kann.

Da auf solche Weise der Staat durch seine Organe über die tierische Produktionsrichtung entscheidet, muß er auch die Verantwortung für diese Einrichtung tragen. Der Umstand, daß der Tierarzt fast allein die Produktionsrichtung bestimmt, wäre noch einer der unerheblichsten Mängel des Körgesetzes, wenn nur die Erfolge seiner Thätigkeit recht segensreich wären.

In dieser Beziehung ein Urteil über die Wirkungen des Körgesetzes festzustellen, stößt auf große Schwierigkeiten, indem die äußerst spärlichen Veröffentlichungen der Verwaltung keinen maßgebenden Anhaltspunkt bieten und die indirekte Beurteilung zu keinem zuverlässigen Schlusse führen dürfte.

Nach den statistischen Ausweisen wurden im Jahre 1897 im ganzen Königreich 29221 Zuchtstiere angekört, und zwar 65_{72}% besserer und 34_{28}% minderer Qualität, d. h. jeder dritte Zuchtstier ist von den Körausschüssen als minderer Qualität bezeichnet. Die neunjährige Anwendung des Gesetzes weist folgende Ziffern[1]) auf: Statistik der Ankörungen.

Jahr	Zahl der		Von den angekörten Stieren werden gehalten		Von angekörten Stieren sind	
	zur Körung vorgeführten Zuchtstiere	angekörten	von Gemeinden u. Genossenschaften	von Privaten	besserer Qualität	minderer Qualität
1889	35 338	30 878	11 429	19 449	19 665	11 213
1890	34 006	29 632	11 429	18 203	19 833	9 799
1891	32 408	29 283	11 649	17 634	19 396	9 887
1892	32 321	29 101	11 330	17 771	19 325	9 776
1893	31 618	28 657	11 325	17 332	19 384	9 273
1894	30 262	27 344	11 140	16 204	18 061	9 283
1895	31 635	28 805	11 523	17 272	19 384	9 421
1896	32 383	29 569	11 109	18 460	19 871	9 698
1897	32 469	29 221	11 309	17 912	19 206	10 015

Die Zahlen der zur ersten Körung im Jahre 1889 vorgeführten Zuchtstiere als 100 zu Grunde gelegt, erhalten wir folgendes Bild:

Jahr	Vorgeführt	Von diesen angekört	Von 100 angek. besserer Qualität
1889	100	87_{37}	63_{68}
1890	$96_{2)}$	87_{1}	66_{9}
1891	91_{70}	90_{3}	66_{2}
1892	91_{46}	90_{0}	66_{6}
1893	89_{47}	90_{6}	67_{7}
1894	85_{68}	90_{3}	66_{0}
1895	$89_{5,}$	91_{0}	67_{2}
1896	91_{07}	91_{3}	67_{3}
1897	91_{88}	89_{9}	65_{7}

[1]) Entnommen dem Stat. Jahrbuch für das Königreich Bayern 1898.

Aus dieser Tabelle ergibt sich zunächst, daß abgesehen vom Jahre 1894, wo infolge der Futternot im Jahre 1893 die Rindviehhaltung und dementsprechend auch die Zuchtstierhaltung verringert wurde und deshalb im nächsten Jahre weniger zuchtfähige Stiere vorhanden waren, alljährlich die absolute Zahl der zur Körung vorgeführten Zuchtstiere sich vermindert und im Jahre 1897 sind wir an derselben Stelle hinsichtlich der Vorführung wie im Jahre 1891 und weit hinter derjenigen im Jahre 1889, daß ferner die Verhältniszahl der angekörten Zuchtstiere zu den vorgeführten trotz der Abnahme der Vorführung beinahe dieselbe geblieben ist und daß auch bei angekörten Zuchtstieren das Qualitätsverhältnis sich kaum verschoben hat.

Bezüglich der Vorführung zur Körung kann man auf Grund dieser Tabelle behaupten, daß die Thätigkeit des Körausschusses immer weniger in Anspruch genommen wird, denn pro 100 im Jahre 1889 vorgeführter Zuchtstiere wurden im Jahre 1897 nur mehr 91 der Prüfung unterstellt, und von dieser verminderten Zahl der vorgeführten waren nur 90 % angekört, d. h. so viel, um den notwendigsten Bedarf an Zuchtstieren für fremde Kühe zu decken. Aber nicht die absolute Abnahme der Ankörungen an sich erscheint so bedenklich. Bei der im Jahre 1897 erfolgten Viehzählung hat man konstatiert, daß die Rindviehzahl sich um 2_{44}% im Vergleich zum Jahre 1892 vermehrt hat, und wir müssen annehmen, daß sich die Kühe wenigstens in demselben Verhältnis vermehrt haben. Regelrecht hätte sich auch die Zahl der Zuchtstiere, die zur Bedeckung dieser neu hinzugekommenen Kühe notwendig erscheinen, vermehren müssen. Das ist aber nicht der Fall.

Man ist nicht geneigt zu glauben, daß die Zahl der Zuchtstiere deshalb abgenommen hat, weil einem Stiere mehr Kühe zugeführt werden. Dieses Vorgehen, in einem entsprechend organisierten und einheitlich geleiteten Betrieb wohl möglich, läßt sich in großem Umfang und besonders unter den Verhältnissen, für welche der angekörte Zuchtstier bestimmt ist, nicht ganz zweckmäßig durchführen. Wenn wir uns vorstellen, welche Zuchtstiere der Körung unterliegen, daß es nämlich lediglich diejenigen sind, welche für den Gemeindegebrauch bestimmt sind, so müssen wir verlangen, daß eben deshalb, weil die Gemeindezustände in der Organisation der Zuführung der Kühe zum Stiere jedweder Regelung entbehren, die zur Bedeckung fremder Kühe nötigen Zuchtstiere in größerer Anzahl vorhanden seien, um sie vor zu großer Inanspruchnahme in einigen Perioden der Bedeckung und so vor zu großer Abnützung zu bewahren, damit wenigstens eine Aussicht auf Befruchtung der Kühe vorhanden sei.

Denken wir uns, eine Ortschaft hätte 200 Kühe, die in den einzelnen Wirtschaften sind und für welche nach dem Gesetze 2 Zuchtstiere zu halten wären. Angenommen diese Kühe kämen in einem verhältnismäßig kurzen Zeitraum zum Zuchtstier, was gewöhnlich der Fall ist (man will, daß die Kälber hauptsächlich in den Wintermonaten zur Welt kommen), so hätten diese 2 Zuchtstiere, nehmen wir an, bloß 120 Kühe in 3 Monaten zu decken. Im großen Durchschnitt rechnet man, daß 1 Kuh 2mal zum Zuchtstier zugeführt werden muß, um trächtig zu bleiben, es müßte also jeder dieser Stiere 120mal in 90 Tagen in Anspruch genommen werden, was wohl vom praktischen Standpunkte sehr bedenklich erscheint. Bei solchen Zuständen ist es kein Wunder, daß viele Klagen, besonders bei den Tierzüchtern von Fach, laut werden über die zu frühe Untauglichkeit der Zuchtstiere, welche mit einem Alter von $2^1/_2$ Jahren nur selten anzutreffen sind, da sie dem Metzger der Zuchtuntauglichkeit wegen[1]) übergeben werden. Berücksichtigt man noch außerdem, daß die Kühe nicht so geduldig sind, um mit der Befruchtung lange auf den Zuchtstier zu warten, weil die Brunstzeit bald vergeht, so wird man den Umstand, daß so viel Kühe dem Zuchtstier zugeführt werden, als in der Praxis kaum empfehlenswert, wenigstens nicht ohne Nachteil auf die Rentabilität der Rindviehhaltung ansehen müssen und das dürfte doch nicht in der Absicht des Gesetzgebers gelegen haben und liegt auch wohl nicht in der Absicht der verantwortlichen Verwaltung!

Auch die Vermutung, daß die Körausschüsse in Bezug auf die Qualität der Zuchtstiere sehr wählerisch seien, kann nicht als Erklärung der immer kleineren Inanspruchnahme der Körausschüsse dienen, wenn wir uns die Prozentzahlen der angekörten Zuchtstiere zu den vorgeführten und das Qualitätsverhältnis der angekörten anschauen.

Wahrscheinlich werden nur diejenigen Zuchtstiere vorgeführt, die unumgänglich notwendig sind, um dem Gesetze zu genügen, und bei solchen Verhältnissen dürften die Ansprüche der Körausschüsse in Bezug auf Qualität auch nicht so grossartig gewesen sein, wenn 90 % aller vorgeführten Zuchtstiere auch angekört wurden.

Etwaigen Aufschluß zur Erklärung dieser Thatsache finden wir in den Berichten der landwirtschaftlichen Bezirksausschüsse für das Jahr 1898. Es äußert sich zum Beispiel der Bericht aus Oberbayern[2]) folgender-

---

[1]) Jahresbericht des bayerischen Landwirtschaftsrates für das Jahr 1898. S. 85.

[2]) Jahresbericht des bayerischen Landwirtschaftsrates. 1897. S. 87.

maßen: „Das in einem großen Teile des Regierungsbezirkes herrschende Einödsystem läßt in vielen Gemeinden die Vorteile des Körgesetzes nicht vollständig zur Geltung kommen, die Durchführung einer geregelten Zuchtstierhaltung wird dadurch sehr erschwert oder ganz unmöglich gemacht,“ bei der Körung wird zwar eine genügende Anzahl von guten Zuchtstieren angekört, dieselben werden aber bald verkauft, „so daß schon oft kurze Zeit nach der Körung wieder ein Mangel an geeigneten Zuchtstieren besteht,“ und es ist auch nicht ausgeschlossen, daß bei der erschwerten Kontrolle beim Einödsystem auch nicht angekörte Zuchtstiere zum Gebrauch kommen.

Ausdrücklicher berichtet der niederbayerische Kreisausschuß, indem er sagt: „In vielen bäuerlichen Stallungen werden zu Privatzwecken Stiere gehalten von ganz zweifelhafter Güte[1]). Selbst kleinere Oekonomen mit einem Viehstand von 5—10 Stück, die bis zur Einführung des jetzigen Körgesetzes im Jahre 1888 die gemeindlichen Stiere benützten, halten zum Privatgebrauche Stiere minderer Qualität (die sie aber für besser halten! Verfasser), die sie noch als Gespannvieh verwenden. Durchschnittlich werden jedes Jahr in mittleren landwirtschaftlichen Betrieben 2 bis 3 Stierkälber ganz geringer Körpergröße aufgezogen und nach Bedarf zur Zucht verwendet.“

Aus diesem Berichte müssen wir drei unerfreuliche Thatsachen vom Standpunkte des Körgesetzes hervorheben, nämlich erstens: Vor dem Gesetze haben die kleineren Oekonomen den gemeindlichen Zuchtstier verwendet, jetzt aber halten sie sich den eigenen für eigenen Gebrauch; zweitens: die nötigen Stiere werden angekört, aber bald verkauft, und drittens: die zur Zucht verwendeten Stierkälber sind geringer Körpergröße. Eben der letztere Umstand, diese geringe Körpergröße, scheint uns der Ausgangspunkt zu sein, worin die ganze Mißliebigkeit der Körungen wurzelt. Es heißt auch ausdrücklich im Berichte: „Um der Stierkörung aus dem Wege zu gehen,“ hält man es für angezeigter eigene Zuchtstiere zu verwenden.

Aus allen diesen Berichten, die doch in den Kreisen verfaßt werden, die mit der Körung betraut sind, dürfte eine Thatsache festgestellt werden, daß sich die Ankörungen durch die Körausschüsse fast überall einer Mißliebigkeit erfreuen und daß man sich ihnen möglichst zu entziehen sucht.

---

[1]) Was unter der „Güte“ des Zuchtstieres nach Meinung der Bezirkstierärzte zu verstehen ist, ersehen wir aus demselben Berichte, wo über die „ganz geringe Körpergröße“ geklagt wird.

2. Zuchtstierhaltung.

Jetzt wollen wir uns den zweiten Teil des Gesetzes anschauen, welcher mehr verwaltungsrechtlicher Natur ist. Er behandelt in sieben Artikeln die Beschaffung und Haltung der Zuchtstiere, die für den gemeinschaftlichen Gebrauch zur Verwendung kommen. Diese Angelegenheit obliegt in jeder Gemeinde der Gesamtheit der Besitzer faselbaren Rindviehes, d. h. der Besitzer von Kühen und ein Jahr alten Kalbinnen und zwar prinzipiell im Wege der freien Vereinbarung der Beteiligten. Kommt die Vereinbarung nicht zu stande, oder wird der Pflicht der Zuchtstierhaltung seitens der Beteiligten nicht in genügender Weise entsprochen, so hat die Gemeindeverwaltung nach Anhörung eines Ausschusses (aus der Mitte der Beteiligten) die entsprechenden Anordnungen bezüglich der Zuchtstierhaltung zu treffen. Die Kosten der Beschaffung und Haltung der Zuchtstiere tragen in erster Linie die Beteiligten selbst, entweder in Form von Sprunggeldern oder mangels einer Übereinkunft in Form von Umlagen; die Gemeindekasse darf nur dann in Anspruch genommen werden, wenn dadurch keine neuen Lasten für die Gemeindemitglieder entstehen. Die Besitzer, welche einen eigenen Zuchtstier halten, sind zur Bestreitung der Kosten der Zuchtstierhaltung nicht beizuziehen. Die weiteren Bestimmungen beziehen sich auf die Art und Weise der Ausführung des Gesetzes und regeln das Verhältnis der Aufsichtsbehörden.

An der Hand der statistischen Veröffentlichung über die Körung der Zuchtstiere sehen wir, daß im Jahre 1889 11 429 Zuchtstiere angekört waren, welche sich im Besitze der Gemeinden und der Genossenschaften befanden. In der so regen Zeit der Genossenschaftsbewegung dürften sich mehrere neue Genossenschaften auf diesem Gebiete wahrscheinlich gebildet haben. Wenn wir annehmen, daß die neu gegründeten Genossenschaften die Pflicht der Zuchtstierhaltung auch wirklich von den betreffenden Gemeinden übernommen haben, so wird uns die Thatsache, daß sich die Zahl der Gemeinde- und Genossenschaftszuchtstierhaltungen nicht wesentlich verschoben hat und die Schwankungen in diesen 9 Jahren seit dem Inslebentreten des Gesetzes sich innerhalb kleiner Differenzen bewegten (11 109 im Jahre 1896 [niedrigste] und 11 649 im Jahre 1891 [höchste Zahl]) nicht so bedenklich erscheinen. Anders aber stellt sich die Sache dar, wenn wir die Körungen der im Privatbesitze befindlichen Zuchtstiere, die doch auch für Gemeindegebrauch verwendet wurden (eben deshalb, weil sie bloß zu diesem Zwecke angekört wurden) mit in Rechnung ziehen. In diesem Fall können wir schon eine wesentliche Verschiebung der Verhältnisse konstatieren, denn die

Zahl der im Jahre 1897 im Besitz der Privaten angekörten Zuchtstiere beträgt 1657 Stück weniger, als im Jahre 1889.

Wo ist der Grund zu suchen, daß die Zahl dieser privaten Zuchtstiere für den fremden Gebrauch um 5,4% herunterging? Zur Beantwortung können wir annehmen, daß entweder die Zahl der Kühe bei denjenigen Besitzern, die auf den gemeindlichen Zuchtstier angewiesen sind, in derselben Zeit entsprechend abgenommen hat, oder daß gegenwärtig die Zuchtstiere mehr zu leisten haben, d. h. daß sie mehr Kühe zur Bedeckung zugewiesen bekommen oder schließlich, daß mehr nichtangekörte Zuchtstiere verwendet werden. Die erste Annahme ist mit Rücksicht auf die erfolgte Zunahme des Gesamtrindviehstandes und mit Rücksicht auf die Entwickelung der Milchwirtschaft in der letzten Zeit unwahrscheinlich, obwohl nicht ausgeschlossen. Die zweite ist wohl möglich, aber nur in einzelnen Fällen, in einzelnen kleineren Bezirken, ob dies aber erfolgreich wirken kann, dürfte bestritten werden. In dem Jahresberichte des bayerischen Landwirtschaftsrates für 1898[1]) lesen wir zwar folgendes: „Die Berichte über Zuchtstierhaltung lauten nicht ungünstig; es treffen auf einen Zuchtstier zwar etwas mehr als 100 weibliche Tiere, doch ist die Zahl nicht zu übertrieben, meistens 100 bis 130." Ob dieses „zwar etwas mehr" in der Praxis auch günstig sei, ob eine solche Anwendung des Zuchtstieres mit Rücksicht auf eine mehrmalige Wiederholung des Sprunges nicht mit Trockenbleiben der Kühe oder zu früher Abnutzung des Zuchtstieres gebüßt wird, ob dadurch herbeigeführte Schäden in der Tierzucht ohne Einfluß auf die wirtschaftlichen Verhältnisse bleiben, soll dahingestellt bleiben.

Obwohl für uns eine solche Erklärung der Abnahme der Zuchtstierhaltungen ganz unzureichend ist, als vom Standpunkte der Praxis unhaltbar, so bildet sie andererseits einen Anhaltspunkt bei der Betrachtung dieser Frage, weil sie zeigt, wie die Leiter der Körungen die Abnahme derselben zu entschuldigen suchen! Die Zuweisung einer größeren Zahl von Kühen an einen Zuchtstier soll also die Ursache der Verminderung der gemeindlichen Zuchtstierhaltungen sein!

Abgesehen jedoch von dieser Rechtfertigung seitens der Leiter, verbleibt noch die dritte Möglichkeit, welche uns mehr begründet erscheint als die anderen, und zu welcher, wie wir in den Berichten gelesen haben, die Tierhalter sich nur aus dem Grund, „um dem Gesetze aus dem Wege zu gehen", entschließen.

Daß die Körungen auch hier eine nicht geringe Rolle spielen, das

---

[1]) S. 210.

dürfte wohl keinem Eingeweihten fremd sein, denn die Anschaffung der Zuchtstiere seitens der Gemeinden für den Gebrauch der Gemeinden kann thatsächlich bei der jetzt bestehenden Handhabung der Körordnung nicht ohne vorherige Bewilligung des Körausschusses, d. h. des Tierarztes, geschehen. Will die Gemeinde die Anschaffungskosten eines Zuchtstieres nicht als verlorenes Geld betrachten, so muß sie sich der Zustimmung des Tierarztes versichern und diese erfolgt gewöhnlich in der Weise, daß der Betreffende an einen bestimmten Züchter gewiesen wird.

Was aber auch die Gründe dafür sein mögen, wir konstatieren, daß die Zahl der für den Gebrauch der Gemeinden bestimmten Zuchtstiere keine Vermehrung erfahren hat. Es ist sogar eine $5_4\%$ ige Abnahme zu verzeichnen, die wohl darauf hinweist, daß das Gesetz keine Verbesserung in der gemeindlichen Zuchtstierhaltung herbeigeführt hat.

Aus allen Berichten über die Ankörungen und aus der thatsächlichen Abnahme der „gesetzlichen" Zuchtstierhaltung geht hervor, daß das Gesetz bezw. die Handhabung des Gesetzes sich einer Mißliebigkeit erfreuen, und daß die Tierhalter bestrebt sind, „dem Gesetze aus dem Wege zu gehen". Ursachen der Abnahme.

Was für eine Ursache kann diesem Fernhalten der Züchter zu Grunde liegen?

Eine tierzüchterische Maßregel verdient, wie jede wirtschaftliche Thätigkeit, nur dann eine Beachtung, wenn sie auf den wirtschaftlichen Vorteil ausgeht. Wenn das Rind als Produktionsmittel anzusehen ist, so muß bei ihm die Produktivität an erster Stelle maßgebend sein. Eine bessere, schönere Rasse wird dem Wirtschafter nur dann als erstrebenswertes Ziel gelten, wenn sie ihm auch größere Leistungen verspricht, widrigenfalls bleibt er bei dem, was ihm vorteilhafter erscheint, sogar auch dann, wenn das Tier in der Schönheit viel zu wünschen übrig läßt. Damit, daß die Rindviehschläge auf eine höhere Stufe der äußeren Entwickelung gelangen, ist noch nicht gesagt, daß sie auch leistungsfähiger werden. Über die Beantwortung der Frage, ob dieses Prinzip wirklich seitens der Körausschüsse beachtet wird, werden wir kaum einen Zweifel hegen können, wenn wir uns vorstellen, in welcher Weise die Ankörungen in der Wirklichkeit stattfinden und was dabei maßgebend ist.

Nach dem Wortlaut des Gesetzes sind diejenigen Zuchtstiere anzukören, die der Rasse und dem herrschenden Viehschlage entsprechen, d. h. kein Zuchtstier darf angekört werden, welcher nicht die Rassenmerkmale besitzt[1]), auch wenn er die besten Aussichten in Bezug auf die Leistungs-

[1]) Über die wirtschaftliche Bedeutung der Rasse siehe Goltz, Handbuch der Gesamten Landwirtschaft, S. 126 u. ff.; ferner Stettegast, Tierzucht I, S. 225 u. ff.

fähigkeit bietet. Und welche Eigenschaften als solche Rassenmerkmale angesehen werden, haben wir schon in dem Berichte gehört. Bei einem ist eine geringe Körpergröße des Zuchtstieres, bei einem anderen die mangelhafte Schönheit des Tieres in Bezug auf Farbe, Hornstellung, Schwanzansatz ꝛc. die Ursache der Nichtankörung. Die Berücksichtigung solcher ästhetischen und wirtschaftlich bedeutungslosen Eigenschaften erscheint besonders für die Zukunft sehr bedenklich. Jeder amtlichen Thätigkeit liegt, wenn man die gesetzlichen Bestimmungen voll zur Geltung bringen will, eine gewisse bureaukratische Schwerfälligkeit zu Grunde und da sich die wirtschaftlichen Zustände fortwährend im Fluß befinden, werden sich immer mehr größere Unterschiede zwischen den bureaukratischen formalistischen Bestrebungen der Körausschüsse und den wirtschaftlichen der Tierhalter herausstellen müssen. In dieser Richtung hat man es nach 10 Jahren schon so weit gebracht, daß die Tierhalter, soweit sie nicht durch das Gesetz gezwungen werden, sich immer mehr in Bezug auf die Auswahl der Vatertiere der Einwirkung der Staatsgewalt entziehen, mit anderen Worten, die dem Körausschusse vorschwebende Zuchtrichtung als den wirtschaftlichen Interessen nicht angepaßt erachten und deshalb nicht billigen.

Darüber, wie eine solche Handhabung der Körung auf die Rindviehzucht wirkt, können wir den landwirtschaftlichen Bericht aus Oberbayern[1]) sprechen lassen: „Seit der Zeit,“ d. h. Einführung des Körgesetzes im Jahre 1889, durch welches die Verwendung der eigenen Zuchtstiere in eigener Wirtschaft nicht beeinträchtigt wurde, „haben unsere einheimischen Viehbestände einen bedeutenden Rückschritt erlitten, sowohl was Stierhaltung anbelangt, als auch in Bezug auf Gesundheit des Viehes.“ Abgesehen von der Ursache, welcher nach der Meinung des Berichtes die Schuld an diesem Rückgange zuzuschreiben ist, erscheint die Thatsache des Rückganges sehr unerfreulich.

Auch die Staatsverwaltung scheint über die Wirkung des Körgesetzes im klaren zu sein, da in der Denkschrift des bayerischen Staatsministeriums des Innern[2]) berichtet wird: „Wo die Auswahl der zur Zucht zuzulassenden Bullen bei der Körung in sachgemäßer Weise vorgenommen wird, da schreitet die Zucht vorwärts und wird der Nutzen der Körung anerkannt, wo man dagegen aus Mangel an wirklich gutem Zuchtmaterial oder aus irgend einer anderen Veranlassung minderwertige Bullen ankört, da hat

[1]) Jahresbericht des Bayer. Landwirtschaftsrates für das Jahr 1898. S. 110.

[2]) Maßnahmen auf dem Gebiete der landwirtschaftlichen Verwaltung in Bayern. 1897.

weder die Körung noch die Zucht überhaupt besondere Erfolge zu verzeichnen." Merkwürdigerweise ist dieselbe Staatsverwaltung, welche durch Körung die Leitung der Rindviehzucht in Händen hat, sich der Thatsache völlig bewußt, daß die Erfolge des Gesetzes beziehungsweise Erfolge der Handhabung des Gesetzes fraglich sind und daß die Zucht darunter leidet, aber statt den Gründen nachzuforschen, will sie die Mißerfolge mit dem Mangel der sachgemäßen Ankörung begründet wissen, d. h. die Schuld haben die Körausschüsse (eigentlich der Tierarzt und dieser ist doch der Beamte der Staatsverwaltung!) zu tragen. Weil aber den Tierärzten diese Beschuldigung nicht angenehm erscheint, wird sie abgewälzt und die Wirtschafter erscheinen zuletzt als Hauptschuldige, weil sie aus der Rindviehhaltung einen Vorteil ziehen wollen, statt der „Rassen"zucht zu huldigen.

Berücksichtigen wir, daß man in den Berichten nur das Gute hervorzuheben pflegt, so müssen wir diesem ungünstigen Berichte eine um so größere Bedeutung zuschreiben.

Einen Rückschritt in der Verwendung der angekörten Zuchtstiere können wir auch auf andere Weise feststellen. Im Jahre 1892 haben die 35 260 vorhandenen Zuchtstiere (davon 82_5% angekört) alle Kühe und Kalbinnen (1 735 027 Stück) zu decken gehabt, d. h. jeder deckte durchschnittlich 49_2 Kühe, und die angekörten deckten 82_5% aller Kühe. Im Jahre 1897 dagegen hätten wir[1]) 23_4% Zuchtstiere mehr haben müssen (als in diesem Jahre angekört waren), um dem Bedarfe zu entsprechen, d. h. in diesem Jahre wurden 23_4% Kühe von nicht angekörten Stieren gedeckt (während im Jahre 1892 nur 17_5%). Es ist also in der fünfjährigen Periode ein Rückgang in der Benützung der angekörten Zuchtstiere um 6% zu konstatieren.

Nehmen wir nun sogar einmal an, das Ziel des Gesetzes sei wirklich erstrebenswert und betrachten wir die Möglichkeit der Durchführung dieses Zieles. Zweckmäßigkeit des Körgesetzes.

Bei der Erörterung dieser Möglichkeit haben wir zunächst die Frage, mit welchen Mitteln, hauptsächlich mit welchem weiblichen Material will das Gesetz „die Rasse erhalten und ausbilden"?[2])

Nach § 8 des Gesetzes dürfen zur Bedeckung fremder Kühe und

[1]) Mangels einer genaueren Statistik des Viehstandes nach Gattungsklassen im Jahre 1897 sind die Prozentzahlen der einzelnen Gattungsklassen der Rinder vom Jahre 1892 der Berechnung für das Jahr 1897 zu Grunde gelegt.

[2]) Verhandlungen der bayerischen Kammer der Abgeordneten 1888. BB. I S. 622.

Kalbinnen nur die durch den Körausschuß angekörten Zuchtstiere verwendet werden, d. h. jeder Rindviehhalter darf mit eigenem, nicht angekörtem Zuchtstiere eigene Kühe decken lassen. Nach der Viehzählung vom 1. Dezember 1897 haben wir im Königreich 47 410 Viehhaltungen mit je 1 Stück Rindvieh und wir müssen annehmen, daß dieses 1 Stück wohl eine Kuh ist. Es sind also primo loco auf den angekörten Zuchtstier 47 410 Kühe angewiesen. In den Viehhaltungen mit 2—5 Stück haben wir im ganzen 810 171 Rinder, unter denen 421 045 Kühe[1]) sich befinden dürften, welche auch an den angekörten Zuchtstier angewiesen sind, denn es ist kaum denkbar, daß in so einer Viehhaltung ein eigener Zuchtstier gehalten wird.

Bei den Viehhaltungen mit 6—20 Rindern müssen wir annehmen, daß von diesen die Betriebe mit 6—10 Rindern auch keinen Zuchtstier für eigenen Gebrauch zu halten im stande sind[2]).

Daß diese Betriebe nicht mehr als die Hälfte aller bis zu 20 Rindern besitzenden Rindviehhaltungen betragen, dürfte als begründet erscheinen mit Rücksicht auf die Zahl der Betriebe bis 5 ha, welche Großvieh halten und doch mehr als 10 Stück im großen Ganzen zu halten wohl kaum im stande sind. Von diesen bis zu 5 ha großen Betrieben (256 755) haben wir schon berücksichtigt die Betriebe mit 1 Stück und mit 2—5 Stück und es können also nur sehr wenige Betriebe mit dem größeren Rindviehstande verbleiben. Aber nehmen wir an, daß im günstigsten Falle die Hälfte dieser 6—20 Rinder haltenden Betriebe den fremden Zuchtstier benützen müssen, so werden 399 160 Kühe in Rechnung zu setzen sein. Von der zweiten Hälfte dieser Betriebe werden sich wohl mehrere eigenen Zuchtstier halten können. Wie groß kann ihre Zahl sein?

Aus der Statistik ersehen wir, daß 17 912 angekörte Zuchtstiere von Privaten gehalten werden. Dieses Ankörenlassen der Zuchtstiere von den Privaten wird in der Regel vorgenommen, entweder um den Nachbarn den Gefallen thun und ihnen nötigenfalls die Kuh decken zu lassen, oder wenn die Zuchtstierhaltung gewerbsmäßig betrieben wird, oder wenn es sich um eine Reallast handelt. Da gewöhnlich solche Zuchtstiere nur von größeren Betrieben gehalten werden, so wird im Falle der Nichtankörung solchen Zuchtstieres derselbe trotzdem zur Bedeckung eigener Kühe in Verwendung kommen. Von 102 408 Betrieben (zweite Hälfte der 6—20 Rinder-

[1]) Nach dem Verhältnis einzelner Rindviehgattungen im Jahre 1892 sind 51_{97}% aller Rinder Kühe.

[2]) Wir nehmen damit den günstigsten Fall an, obwohl die Berichte anders lauten.

betriebe) verbleiben somit 84 496 Betriebe, d. h. 82_{51}% der zweiten Hälfte mit 547 736 Kühen [1]), welche auf den fremden Zuchtstier angewiesen sind. Die Betriebe über 21 Rinder hatten schon in der Regel einen eigenen Zuchtstier, welchen sie auch gewöhnlich nicht ankören lassen, und können deshalb außer Rechnung gelassen werden. Berücksichtigen wir die verschiedenen maßgebenden Berichte der landwirtschaftlichen Bezirksausschüsse über die Vermehrung der nicht angekörten Zuchtstiere, sogar bei den kleineren Betrieben, so können wir mit Recht annehmen, daß im günstigsten Fall im ganzen

47 410
421 045
399 160
547 736

nicht über 1 382 099 Kühe dem angekörten Zuchtstier zugeführt werden, d. h. auf diese Anzahl der Kühe wird sich der Einfluß des Körausschusses geltend machen können. Aber damit, daß so und so viel Kühe mit dem angekörten Zuchtstier gedeckt werden, ist noch nicht gesagt, daß das Ziel schon erreicht ist. „Die Rasse zu erhalten und auszubilden“ werden nur diejenigen Rinder im stande sein, die groß gezogen werden und die der Fortpflanzung der Gattung dienen sollen. Es wird sich demnach fragen, wie viel von diesen Kühen auch wirklich der Fortpflanzung dienen?

Der kleine Mann, der nur 1 Stück Rindvieh zu halten vermag, wird doch gar nicht an die Aufzucht denken können, denn bei dieser einen Kuh wird hoffentlich die Milchnutzung die Hauptrolle spielen und in diesem Fall werden diese Kühe dem Fortpflanzungsziele verloren gehen.

In den Betrieben mit 2—5 Rindern wird man berechtigterweise annehmen können, daß die Hälfte dieser Betriebe nur je 2 Stück Rindvieh [2]) hält und in der Regel werden es Kühe sein. Auch hier dürfte kaum eine Aufzucht stattfinden, um so weniger, als diese Betriebe hauptsächlich in den kleineren Städten vorkommen. Zur Berechnung aber nehmen wir an, daß bloß die Hälfte der in diesen Betrieben vorhandenen Kühe sich dem Ziele entziehen. Die andere Hälfte der Kühe würde in Wirklichkeit von gewisser Bedeutung für die Fortpflanzung der „Rasse“, wenn alle Kälber weiblichen Geschlechts großgezogen würden, da aber

---

[1]) Die 6—20 Rinder haltenden Betriebe haben 2 045 416 Rinder. Davon abgezogen 768 060 Rinder der ersten Hälfte dieser Betriebe und vom Rest 17_{49}% für die eigenen Zuchtstier haltenden Betriebe, verbleiben 1 053 947 Rinder mit 51_{97}% Kühen.

[2]) Mit Rücksicht auf den Durchschnitt in diesen Betrieben vorhandenen Rindviehes

in solchen Betrieben gewöhnlich nicht mehr als ein Kalb zur Erneuerung eigenen Bestandes großgezogen wird, so erhalten wir, daß in dieser zweiten Hälfte der Betriebe nur 122 071 Kälber zur Fortpflanzung dienen können, während im ganzen in diesen Betrieben 298 974 Kühe für die Erhaltung der Rasse bedeutungslos sind.

Bei den 6—20 Rinder haltenden Betrieben nehmen wir an, daß alle diejenigen Kühe, die auf den angekörten Zuchtstier angewiesen sind, zu $^2/_3$ wirklich der Nachzucht dienen, und in diesem Fall erhalten wir, daß (mit nur 20% Abrechnung auf Trockenbleiben und Mißgeburten) in diesen Betrieben 505 011 Kühe dem Ziele dienstbar zu machen sind. Somit sollen im ganzen 627 082 Kühe, d. h. 36_{13}% aller vorhandenen Kühe, „die Rasse erhalten und ausbilden", denn nur bei so vielen können die Körausschüsse ihr Ziel verfolgen.

Berücksichtigen wir, daß auch nicht alle für den angekörten Zuchtstier bestimmten Kühe wirklich mit demselben gedeckt werden [1]), daß ferner die größte Zahl der kleineren Viehhaltungen nicht um der Aufzucht willen ihre Kühe hält, sondern der unmittelbaren Nutzung halber, daß ferner in denjenigen Betrieben, deren Zuchtstiere der Körung nicht unterliegen, der Schwerpunkt der ganzen Rindviehzucht ruht (weil in diesen fast jedes Kalb gewöhnlich für die Zucht bestimmt ist), so müssen wir einen starken Zweifel hegen, ob mit dieser kleinen Zahl der Kühe die Körausschüsse jemals ihren Zweck zu erreichen im stande sein werden.

Es ist sehr begreiflich, daß der Staat im Interesse der Volkswirtschaft die „Erhaltung und Ausbildung" der bestehenden Schläge anzustreben und zu fördern sich berechtigt glaubt, aber er müßte es nur dann thun, wenn diese zu fördernde Schläge auch den wirtschaftlichen Anforderungen wirklich entsprechen. Wenn der Staat mit solchen Gedanken zu Werke gehen will, da wird er überall eine wohlgesinnte Aufnahme finden müssen und nicht solche, wie er sie wirklich findet. Wenn er mit dem Gesetze in erster Linie das „Rassen"ziel ohne Berücksichtigung des wirtschaftlichen Prinzips zu erreichen sucht, so ist es kein Wunder, daß die Beteiligten sich sehr ablehnend verhalten. Ihnen ist das eigene Interesse wichtiger, als das der „Rasse" und in dieser Beziehung wird die Staatsverwaltung noch länger warten müssen, bis die Landwirte zu der Ueber-

[1]) Nach der Anmeldung des Stieres zur Ankörung darf er schon für fremde Kühe verwendet werden bis zur Zeit der Ankörung; auch auf Alpenweiden aufgetriebene, in Miete genommene Rinder sind nicht als fremde anzusehen und diese Kühe dürfen mit dem nicht angekörten Zuchtstier gedeckt werden.

zeugung kommen werden, welche der Staat bei ihnen zu finden sich berechtigt glaubt, nämlich, daß „bei der Beschaffung und Behandlung der Bullen" „nicht das Privatinteresse maßgebend" sei, sondern „das Zuchtziel"[1]).

Kostenfrage. Eine nicht minderwichtige Rolle bei dem ganzen Körgeschäfte spielen auch die Auslagen für die Körkommissionen. Es werden jährlich 200 000 Mk. aus öffentlichen Fonds verausgabt[2]) bloß zu dem Zwecke, um angeblich die Tierzucht zu heben.

Wenn diese Gelder in anderer Weise verwendet würden, z. B. zur Aufzucht der Vatertiere, sogar in eigener Regie der Verwaltung, oder zur Unterstützung der minderbemittelten Gemeinden beim Ankauf wirklich leistungsfähiger nicht bloß schöner Zuchtstiere, oder als Prämien für die Zuchtstierzüchter nach Maßgabe der für das Inland aufgezogenen Tiere, oder zur Förderung einer genossenschaftlichen Thätigkeit, die sich das wirtschaftliche Interesse der Rindviehzucht zur Aufgabe macht, wenn sie derartig verwendet würden, dann würde man die Vervollkommnung der Produktionsmittel in Bezug auf ihre Produktivität in rascherem Tempo erreichen können, dann würde man gewiß nicht über ein Drittel aller angekörten Zuchtstiere als minderer Qualität bezeichnen müssen, dann würden die Interessierten selbst um das beste Zuchtmaterial sorgen.

In der Denkschrift[3]) lesen wir auch, daß der Staat die Haltung guter Zuchtbullen dadurch zu fördern sucht, „daß für bedürftige Gemeinden und Zuchtgenossenschaften Zuschüsse aus öffentlichen Fonds geleistet werden, welche sich in den Jahren 1890—1897 im ganzen auf ca. 45 000 Mk. belaufen haben", d. h. jährlich 5500 Mk. Der Staat weiß demnach sehr gut, wie das ihm vorschwebende Zuchtziel zu erreichen wäre, in welcher Weise das gute (sogar auch das schöne!!) männliche Zuchtmaterial beschafft und den Gemeinden beigebracht werden könnte und daß dadurch auch Erfolge erzielbar sind. Für dieses Mittel aber werden bloß $5^1/_2$ Tausend Mark verwendet, während die Ausgaben, mit denen das Zuchtziel nicht erreichbar ist, 200 000 Mark jährlich betragen. Und wie sich zu diesen kolossalen Ausgaben die Erfolge verhalten, die Antwort haben wir in dem Quali-

---

[1]) Maßnahmen auf d. Gebiete der landw. Verwaltung in Bayern, 1897, S. 147.

[2]) Die Maßnahmen der landwirtschaftlichen Verwaltung in Bayern, 1897, S. 147. Die Kosten für das distriktive Mitglied des Körausschusses bestreitet die Distriktskasse und diese Kosten dürften mehr als diejenigen des tierärztlichen Mitgliedes betragen.

[3]) Maßnahmen auf d. Gebiete d. landw. Verwalt. in Bayern 1890—1897, S. 148.

tätsverhältnis der angekörten Zuchtstiere und in dem Bestreben, „dem Gesetze aus dem Wege zu gehen“.

Auf welche Weise sich dieses Bestreben offenbart, ersehen wir unter anderem aus folgender Zusammenstellung der Betriebe [1]), für welche eigentlich das Gesetz berechnet ist.

Größe in ha	Landw. Betriebe mit Rindvieh			Zahl der Rinder		
	1895	1882	Abnahme im Jahre 1895	1895	1882	Abnahme im Jahre 1895
$0-0_2$	2 788	4 572	1 784	4 068	5 851	1 783
0_2-1	32 897	45 602	12 705	45 466	62 452	16 986
1—2	60 526	71 698	11 172	120 016	138 828	18 812

Die Zahlen sprechen für sich. Gleichzeitig bemerken wir, daß die Betriebe ohne Rindvieh in derselben Zeit bei 0_2—1 ha Größe um 3042 und bei 1—2 ha um 2489 zugenommen haben. Jedenfalls dürfte das auf Kosten der Betriebe mit Rindvieh geschehen.

B. Zuchtgenossenschaftswesen.

Allgemeines. Wie auf allen Gebieten der wirtschaftlichen Thätigkeit, wo die Kräfte eines einzelnen unzureichend sind, um im eigenen Wirkungskreise das anzustrebende Ziel zu erreichen, können wir auch bei der Rindviehzucht ein gemeinsames Vorgehen durch genossenschaftliche Vereinigungen der Beteiligten beobachten und zwar in zweierlei Richtung. Die eine Art solcher Genossenschaften stellt sich zur Aufgabe, jedem Produzenten die Produktionsmittel in entsprechender Zahl und Güte zur Verfügung zu stellen, die andere hat sich als Ziel die Verbesserung dieser Produktionsmittel gesteckt. Die erstere Richtung verdient als eine Thätigkeit behufs Verallgemeinerung der besseren Technik um so mehr gewürdigt zu werden, als sie sich in der Regel unter den Wirtschaften wahrnehmen läßt, welche nicht die Möglichkeit haben, sich aus eigenen Kräften das entsprechende Material zu verschaffen und notwendigerweise auf fremde Mithilfe angewiesen sind. Hierher gehören vor allem die Zuchtstiergenossenschaften, welche den Genossen einen Zuchtstier zur Verfügung stellen und dadurch ermöglichen, nicht nur auf die Produktivität der Kuhhaltung, sondern auch auf die Verbesserung des Materials in den Nachkommen einzuwirken. Die

[1]) Statistik des Deutschen Reichs Bd. 5, 112 (für das Königreich Bayern).

Thätigkeit der zweiten Art dieser Genossenschaften offenbart sich in dem Bestreben mit vereinten Kräften die Verbesserung des Rindviehes zu bewirken.

Die Verbesserung derjenigen Eigenschaften der Tiere, welche sich in ihrem Aeußeren ohne Rücksicht auf die Leistungen zeigen, die Verbesserung der äußerlichen Schönheit ist die eine Richtung, und die Verbesserung der Leistungsfähigkeit, die Vermehrung der Produktivität der Tiere ist die andere. In diesen beiden Richtungen ist die Verbesserung möglich, aber nicht in beiden ist sie gleich bedeutend für die Wirtschaftlichkeit der Rindviehhaltung. Wie die vermehrte Schönheit der Tiere an sich von geringer wirtschaftlicher Bedeutung ist, so werden auch demzufolge die Genossenschaften, welche jene in erster Linie anstreben, nur von geringer wirtschaftlicher Bedeutung sein. Die zweite Art der Genossenschaften, welche die unbedingte Vermehrung der Produktivität der Tiere anstrebt, verdient nicht nur Anerkennung, sondern auch eine weitgehende Unterstützung seitens der Gemeinschaft. Weil aber die genossenschaftliche Thätigkeit auf Freiwilligkeit beruht, so muß es den Genossenschaften frei gestellt werden, auch Verbesserungen in der ersteren Richtung anzustreben, in keinem Fall aber hat die Gemeinschaft das Recht oder gar die Pflicht eine solche Thätigkeit auf allgemeine Kosten zu unterstützen.

In welche Kategorie der Genossenschaften die heutigen Zuchtgenossenschaften einzurechnen sind, das werden wir bei näherer Besprechung erkennen können. Zunächst werden wir uns die Zuchtstiergenossenschaften und dann die eigentlichen Zuchtgenossenschaften ansehen.

Genossenschaftliche Zuchtstierhaltung.

I. Mit dem Gesetze über die Zuchtstierhaltung und Körung steht im engen Zusammenhang die immer breiteren Umfang annehmende Bildung der genossenschaftlichen Zuchtstierhaltung, die auch durch das Gesetz vorgesehen und beabsichtigt wurde. Solcher Genossenschaften gab es in Bayern im Jahre 1899 976. Ihr Zweck ist die Förderung der Zucht in einer bestimmten Richtung mittels Beschaffung und Verwendung guter Vatertiere. Solche Vereinigungen der Züchter sind nur im kleineren Umfang denkbar, denn nur dann ist die Möglichkeit gegeben, durch Anpassung an örtliche Verhältnisse das wirtschaftlich Vorteilhafteste herbeizuführen. Diese durch das Gesetz vorgesehene Gründung der Zuchtstiergenossenschaften ist jedoch in Bayern um so auffallender, als sie zum größten Teil erst nach der mehrjährigen Erfahrung und Erprobung des Körgesetzes hauptsächlich in den letzten Jahren stattgefunden hat [1]). Ohne

[1]) Wie das Bedürfnis nach einer solchen Regelung der Stierhaltung immer dringender wird, können wir aus der Thatsache schließen, daß allein im Jahre 1898

Zweifel wird man das der Thatsache zuzuschreiben haben, daß den Genossen der Zuchtstierhaltung ein größerer Einfluß auf die Auswahl der anzukörenden Stiere zukommt, daß also der Körzwang der Genossenschaftsstiere weniger bedrückend als jener der Gemeindestiere ist.

Mit der Bildung der Zuchtstiergenossenschaften hat also vielleicht das Körgesetz einzig und allein wirkliche Erfolge zu verzeichnen und die Staatsverwaltung kann mit vollem Recht diese Erscheinung in dem oben zitierten Berichte als eine „erfreuliche" ansehen. Erfreulich ist sie aber nur an sich als eine bessere Wahrung des eigenen Vorteils, nicht aber erfreulich vom Standpunkte des Körgesetzes, als dessen Wirkung sie zu Tage getreten ist.

Abgesehen jedoch davon, was die Ursache dieser raschen Genossenschaftsbildung sein mag, immerhin wäre es nur wünschenswert, dieselbe weiter zu fördern, als diejenige Stellungnahme der Tierhalter, die das wirtschaftliche Prinzip in der Tierhaltung in erster Linie walten zu lassen trachtet.

In vollem Maße wäre das freilich nur dann erreichbar, wenn diese Genossenschaften ganz vom Körzwang befreit würden.

Daß die Wahrung des eigenen Vorteils durch solche Genossenschaften nach Möglichkeit erfolgt, ist auch seitens der Staatsverwaltung erkannt worden. Nur ist es nach ihrer Meinung zu bedauern, wenn zahlreiche Zuchtstiergenossenschaften lediglich zu dem Zwecke gegründet sein sollten, um aus öffentlichen Mitteln hohe Zuschüsse zu erhalten, ohne das „staatliche" Zuchtziel anzustreben. Es ist eine eigentümliche Auffassung seitens der Verwaltung, wenn sie glaubt, selbst bei den kleinsten Rindviehhaltungen nicht den eigenen Vorteil, sondern vornehmlich die Schönheit und Rassenechtheit der Tiere als Ziel zu finden. Es würde vielleicht wirklich erst dann zu bedauern sein, wenn die Zuchtstiergenossenschaften den wirtschaftlichen Vorteil der Anstrebung schönster Rassetiere zum Opfer bringen würden.

Zuchtgenossenschaften. Von wesentlich segensreicherer Bedeutung würden auch die verschiedenen anderen Vereinigungen der Züchter sein, wenn sie sich als vornehmstes Ziel der Viehzucht die Verbesserung des Produktionsmittels in Bezug auf seine Leistungsfähigkeit zur Aufgabe stellen würden. Es kämen dabei die Stammzuchtvereine mit Zuchtstationen, Zuchtgenossenschaften, Zuchtverbände

---

in einzelnen Regierungsbezirken bis zu 18 Zuchtstiergenossenschaften neu gegründet wurden (Jahresbericht 1898, S. 85).

und Herdbuchgesellschaften in Betracht, die gewöhnlich auf einen kleineren Umfang ihre Thätigkeit erstrecken, sei es nur auf Gemeinde- oder Distrikts-, sei es auf Verwaltungsbezirke, und die „die Verbesserung des Zuchtmaterials nicht nur durch die entsprechende Auswahl der Vatertiere, sondern vielmehr durch die Auswahl der Muttertiere in Bezug auf Rasse, Körperform und Nutzung (!) sowie durch rationelle Aufzucht des jungen Zuchtmaterials anstreben" sollen. Solchen Vereinigungen, die in freiwilliger Übereinkunft die Verbesserung der Produktionsmittel, mit anderen Worten die Vervollkommnung des Rindviehs in Bezug auf ihre Produktivität sich als Ziel setzen, muß vom wirtschaftlichen Standpunkte nur zugestimmt werden, immer aber unter der Bedingung, daß die Rücksicht auf den wirtschaftlichen Vorteil bei ihnen an erster Stelle maßgebend ist. Aber wieviele solcher Vereinigungen sind es, die die wirkliche wirtschaftliche Leistung der Tiere zu steigern sich als anzustrebendes Ziel stecken und die nicht in erster Linie die Rasse in ihrer äußeren Erscheinung, nicht die Schönheit derselben, nicht den schönen Körperbau und nicht die schöne Haarfarbe zu erhalten und zu vervollkommnen trachten?

Da die größeren Vereinigungen der ganzen Rindviehzucht die Richtung geben und die Ziele der größeren als Vorbild von den kleineren Genossenschaften übernommen werden, können wir die Richtung der größeren als maßgebend betrachten für die Beurteilung der genossenschaftlichen Thätigkeit überhaupt. Fast jede Zuchtvereinigung hat ihre eigenen rasseformalistischen Ziele, die sich folgender Weise äußern: Bei einer ist das Ziel „die Reinzucht des großen Fleckviehs" und ganz besonderes Gewicht wird gelegt auf die „Beschaffung möglichst hervorragender und zumal sehr wüchsiger Bullen", bei der anderen „durch Verbesserung der Wüchsigkeit und der Körperformen die Beliebtheit des Viehschlages" zu erhalten, bei der dritten die „Erhaltung und Verbesserung des einfarbig gelben Viehes", bei dem anderen Verband finden wir (eigentümliches Ziel!) die Erhaltung des heimischen Rindviehschlages lediglich zu dem Zwecke, um dem „weiteren Vordringen des anderen Schlages im Bezirke Einhalt zu thun". Sind das überhaupt annehmbare Ziele solcher Vereinigungen? Welche Bedeutung beanspruchen sie in volks- und privatwirtschaftlicher Hinsicht? Sind denn die Wüchsigkeit, die Beliebtheit, Gleichfarbigkeit 2c. an sich von irgend welchem Einfluß auf die Leistungen des Rindes?

Jede solche Genossenschaft, die das ihr vorschwebende „Ziel" zu erstreben sucht, benutzt als Mittel zum Ziele das sogenannte Herdebuch, in welches alle Tiere, die die Zucht zu verbessern haben, eingetragen werden. Diese Herdebuchtiere bilden gewissermaßen den Stamm, durch welchen die

Verbesserung bewirkt werden soll. Weil diese Tiere als Muster, als Idealtiere gelten, so wird man zunächst fragen, was für Eigenschaften werden von einem solchen Idealtiere verlangt, was wird angestrebt?

Zur Antwort haben wir die Vorschriften über die Durchführung der Körungen durch die speziellen (von der Genossenschaft gewählten) Körkommissionen, worin es heißt (wörtlich): „Aufnahmsfähig in das Herdebuch sind nur solche Tiere, bei welchen die Rasse-(sic!)zeichen des Rindes deutlich ausgeprägt sind. Anzustreben ist die kastanienbraune Farbe mit den bekannten, aber nicht zu ausgedehnten weißen Abzeichen, wobei als Regel gilt, daß im ‚Roten‘ nichts ‚Weißes‘, im ‚Weißen‘ nichts ‚Rotes‘ sein soll; kleine rote Flecken in den weißen Abzeichen auf Kreuz, Schenkel und Schwanz schließen bei Kühen von der Aufnahme nicht aus, dagegen bleiben ausgeschlossen:

Alle Tiere mit weißem Abzeichen am Kopfe mit zu heller, gelber Farbe und mit schwarzen Pigmenten bezw. Abzeichen (schwarze Haare in den Ohren und um das Flotzmaul, schwarze Flecken auf dem Flotzmaule oder sogenanntes blaues Flotzmaul u. dgl.), Bullen mit zu ausgedehnten weißen Abzeichen (‚zuviel Weiß‘) sind nicht aufnahmsfähig, wohl aber Tiere mit unvollständigen Binden (Fatschen).“ Das ist die einzige Bedingung zur Aufnahme ins Herdebuch. Sind diese Eigenschaften des Tieres von irgend welchem Einfluß auf die Wirtschaftlichkeit, entsprechen diese Eigenschaften der Forderung der Volkswirtschaft und verdienen sie in diesem Fall aus allgemeinen Mitteln unterstützt zu werden?

Wir glauben, daß wir in Beantwortung dieser Frage nichts Besseres thun können, als diesem Idealtiere ein anderes Idealtier gegenüberstellen, welches von anderen Zuchtgenossenschaften (aber nicht in Bayern!) angestrebt wird. Die Aufnahmsbedingungen in das Herdebuch einer amerikanischen Zuchtgenossenschaft[1]) lauten folgendermaßen:

„Wenn die Kuh beim letzten Kalben 5 Jahre alt gewesen ist, so muß sie nachweislich einen Rekord von nicht unter 15 Pfund Butter für 7 aufeinander folgende Tage besitzen, oder von nicht weniger als 5350 Liter Milch für 10 aufeinander folgende Monate oder von nicht weniger als 265 Liter Milch in 10 aufeinander folgenden Tagen u. s. w. Jede Prüfung einer Kuh muß gerichtlich beschworen werden, bezüglich ihrer Einzelheiten und ihrer Ergebnisse, und zwar seitens aller Personen, die bei solcher Prüfung zugegen gewesen sind.“ Vergleichen wir die Auf-

---

[1]) Die Landwirtschaft in den Vereinigten Staaten von Fr. Oetken. Berlin 1893. S. 674.

nahmebedingungen bei den deutschen Herdebüchern einerseits mit denen der amerikanischen andererseits, so wird es nicht schwer zu ermitteln sein, in welche Kategorie die betreffenden Genossenschaften einzurechnen sind.

Solcher großen Zuchtvereinigungen, die bloß die äußeren Merkmale als Zuchteigenschaften der Rinder ansehen, bei denen zum größten Teil der wirtschaftliche Gesichtspunkt gar nicht berücksichtigt wird und die Zuchttauglichkeit nicht nach der wirklichen Leistung oder Leistungsfähigkeit beurteilt wird, gibt es zur Zeit 11, von denen sich 2 im Anfangsstadium befinden. Zu diesen 9 in Thätigkeit befindlichen Zuchtverbänden und Herdbuchgesellschaften gehören zur Zeit 13 369 Zuchttiere, d. h. 0_{73} % aller Kühe und Bullen[1]), die im Jahre 1897 ermittelt wurden.

Zur Förderung ihrer Zwecke wurden diesen Vereinigungen seitens des Staates 524 000 Mk. zugewiesen und zwar bloß zur Bestreitung „der Gründungskosten, des Gehaltes und der Reisekosten der Zuchtinspektoren, zum Ankauf von Zuchtbullen, Beschickung von größeren Ausstellungen und Förderung der Verbandszwecke" [2]), d. h. jedes lediglich zur Erhaltung der Rasse dienende Rind hat dem Staat bisher 39_2 Mk. gekostet! Aus der verschwindend kleinen Zahl der diesen Züchtervereinigungen gehörenden Kühe und Zuchtstiere können wir ersehen, wie sich die Masse der Züchter den Verbandsbestrebungen gegenüber benimmt, daß dem Gros der Tierhalter alle die Ziele der Verbände in Bezug auf die Rasseschönheit des Rindes fremd bleiben und es nur der mächtigen Unterstützung seitens der Staatsverwaltung verdankt wird, daß wenigstens 6465 Mitglieder sich den Vereinen angeschlossen haben. Man darf auch nicht gleich annehmen, daß alle diese Mitglieder auch Tierhalter sind, denn ein Teil davon dürfte wohl auf die der Landwirtschaft Wohlmeinenden entfallen.

C. Ausstellungs- und Prämiierungswesen.

Ein weiteres Mittel, das in gewissem Maße zur Hebung der Rindviehzucht beizutragen berufen wäre und dessen Anwendung in letzten Zeiten beträchtlich zugenommen hat, sind die öffentlichen Rinderausstellungen und die gewöhnlich mit ihnen verbundenen Prämiierungen. Das Verdienst, die landwirtschaftlichen Ausstellungen in größerem Maßstabe in Deutschland verbreitet zu haben, fällt der Deutschen Landwirtschafts-Gesellschaft in Berlin zu, welche seit 1887 Wanderausstellungen alljährlich in ver- Allgemeines.

[1]) Die Zahl der Kühe und Bullen beträgt im Jahre 1892 53_{03} %.

[2]) Das landwirtschaftliche Genossenschaftswesen in Bayern 1900. S. 93.

schiedenen Gebieten Deutschlands veranstaltet und deren Vorschriften zur Zeit als Muster für die landwirtschaftlichen allgemeinen und Spezialausstellungen in einzelnen Staaten gelten.

Darum müssen wir uns zunächst die Erfolge der Wanderausstellungen in wirtschaftlicher Hinsicht anschauen. Vor allem aber müssen wir, um etwaigen Mißverständnissen vorzubeugen und die Wirkungen dieser Ausstellungen entsprechend beurteilen zu können, uns klar werden, welche Ziele und welche Grundsätze solchen Ausstellungen zu Grunde zu liegen haben, was die Volkswirtschaft von diesen Veranstaltungen zu erwarten berechtigt ist. Erst dann werden wir die heutige Durchführung der Ausstellungen in dem so festgestellten Rahmen zu beurteilen trachten. Es muß jedenfalls hervorgehoben werden, daß in dem Vorliegenden bloß die Rinderausstellungen in Betracht kommen, daß die Ausstellungen von anderen Erzeugnissen der Landwirtschaft und der landwirtschaftlichen Industrie nicht im mindesten berührt werden.

Zweck. Bei den Zielen, welche allgemein bei den Ausstellungen angestrebt werden sollen, kommen hauptsächlich zwei Gesichtspunkte in Betracht: entweder hat die Ausstellung bloß als eine Art Heerschau das Ansehen der Nation bei anderen Völkern bezw. das Ansehen des betreffenden Zweiges des Wirtschaftslebens bei den anderen Berufsklassen zu erhalten oder zu heben, sie hat einen Vergleich der eigenen Kräfte von Zeit zu Zeit zu ermöglichen oder sie hat als Hauptaufgabe einen direkten oder indirekten Nutzen im wirtschaftlichen Sinn zu verfolgen. Im ersteren Fall, bei der Schau, läßt sich auch ein gewisser Grad der wirtschaftlichen Zweckmäßigkeit nicht in Abrede stellen; dieser Nutzen wird jedoch immer in den Hintergrund gedrängt und wird sich nach dem wirtschaftlich weniger wichtigen Ziele eines Überblickes, nach dem rein äußerlichen Erfolg richten, während im zweiten Fall der wirtschaftliche Erfolg immer in erster Linie maßgebend sein wird und alle Thätigkeiten diesen Gedanken erkennen lassen werden.

Ganz abgesehen von der unmittelbaren Rentabilität der Ausstellung (in der Regel ein Defizit) wird man ihre wirtschaftliche Bedeutung immer in der Förderung des betreffenden Erwerbszweiges zu suchen haben und je nach seiner wirtschaftlichen Lage wird der eine oder der andere der folgenden Gesichtspunkte im allgemeinen überwiegen:

Das Ausstellen der Produkte hat das Publikum, d. h. die Abnehmer über die Ware zu unterrichten, wodurch ein Absatzmarkt geschaffen oder belebt werden kann, es kann auch durch Belehrung seitens des Publikums die Produktionsrichtung umgeändert werden, besonders in denjenigen

Produktionszweigen, welche sich die Herstellung der zur Befriedigung der relativen Bedürfnisse bestimmten Güter zur Aufgabe machen, oder es kann auch die Absicht der Veranstaltung sein, den Produzenten mit der Handhabung der Technik vertraut zu machen und dadurch die Einführung einer technisch vollkommeneren Produktionsart in weite Schichten zu ermöglichen. Es handelt sich nun darum, welche von diesen Gedanken für die Rinderausstellungen bei der heutigen Lage der Landwirtschaft bezw. der Rindviehzucht als die wirtschaftlich wichtigsten zu erachten sind. Heute, wo ein großer Teil der tierischen Produkte von auswärts eingeführt werden muß, um den Bedarf zu befriedigen, wird es sich weder um die Belebung des Marktes noch um die Umänderung der Produktionsrichtung handeln, denn dies kann nur dann stattfinden, wenn nach Befriedigung des Bedarfes ein Überschuß an Produkten zurückbleibt. Wo dagegen der Bedarf immer mehr steigt und die Produktion nicht im stande ist, dieser Steigerung zu folgen, und andererseits, wo es sich um solche Zersplitterung der Produktion handelt, da kann nur der letztere Gesichtspunkt Platz greifen. Bei der heutigen Wirtschaftsorganisation kann nur durch die Steigerung der Produktivität die Tierhaltung in lebensfähigem Zustande dauernd erhalten werden und wie alle anderen Maßregeln und Vorrichtungen nur diesen wirtschaftlich wichtigsten Zweck anstreben sollen, werden es auch die Ausstellungen thun müssen. Der heutige Stand der Tierhaltung läßt, wie die maßgebenden Berichte beweisen[1]), in Bezug auf die Produktivität viel zu wünschen übrig, besonders was die Ausnützung des Futters und die Verwertung der erhaltenen Produkte anlangt, ganz abgesehen von der Rückständigkeit in Wart und Pflege der Tiere.

Die Steigerung der Produktivität durch Benützung einer besseren Technik setzt aber manche Kenntnisse voraus, die dem großen Tierhalter vielleicht zur Verfügung stehen, die jedoch dem kleineren meistenteils fehlen und nur durch fremde Beihilfe beigebracht werden können.

Alle Belehrungen durch Fachleute und Wanderlehrer werden aber immer von einem sehr geringen Erfolge begleitet sein, wenn diesem kleinen Tierhalter das Gesagte nicht durch ein Beispiel demonstriert wird, wenn derselbe keine Gelegenheit hat, sich über eine vollkommenere Produktionsart genauer und vor allem praktisch zu unterrichten. Mit Rücksicht auf die eigentümliche Lage und die eigentümlichen Produktionsverhältnisse der ländlichen Bevölkerung soll das Hauptaugenmerk bei den Ausstellungen

[1]) Untersuchungen der wirtschaftlichen Verhältnisse in 24 Gemeinden Bayerns. München 1895.

auf diese gerichtet und mit ihrer Hilfe ein wirtschaftlicher Fortschritt angestrebt werden. Diesen wird man erst dann erlangen, wenn man die weiteste Verbreitung aller bewährten Verbesserungen auf diesem Gebiete sich als Hauptziel aufstellt.

Dasselbe Verlangen, welches wir vom wirtschaftlichen Standpunkte den Rinderausstellungen zu Grunde gelegt haben, müssen wir auch bei den Rinderprämiierungen stellen. Diese Prämiierungen, welche jedenfalls bei entsprechender Handhabung besser und schneller zum Ziele führen können, sind ein Mittel, welches durch Anerkennung und Belehrung wirklicher Fortschritte den einzelnen Tierhalter zu einer rührigeren, intensiveren Thätigkeit behufs Erzielung größerer Wirtschaftlichkeit anzuspornen hat. Damit die durch die Ausstellungen verbreiteten technischen Fortschritte von dem kleinen Tierhalter schneller und wirksamer angewendet werden können, bedarf es noch einer Anspornung, die durch Zuweisung von Prämien den herkömmlichen Schlendrian bei der Behandlung und Ausnützung der Tiere bekämpft.

Die Prämien müssen aber mit einem gewissen Vorteile für die Aussteller verbunden sein und je höher und wertvoller sie sind, desto größere Anziehungskraft werden sie ausüben. Jedenfalls werden aber die Aussteller irgend eine Gewähr haben müssen, daß die Zuteilung der Prämien nicht nach Maßgabe der bloßen Empfindung der Richter stattfinden kann, sondern daß die Leistung der Tiere für die Zuteilung der Prämien maßgebend ist.

Bei kleineren Wirtschaften haben die Prämien die Verbreitung einer besseren, anerkannten Produktionstechnik zu fördern, während die Prämiierung der großen Tierhaltungen nur die Erlangung der technischen Fortschritte, nur die neue Steigerung der Produktivität und die Erzielung einer höheren Stufe der Konkurrenzfähigkeit zu belohnen hat. Im ersteren Fall wird es sich immer darum handeln, das Vorhandene zu verallgemeinern, im zweiten Fall ist die Erstrebung der wohlfeileren Produktionstechnik, die Förderung der Zucht im engeren Sinne, als Hauptziel der Prämiierungen anzusehen. Während die letzteren nur für größere Gebiete denkbar sind, werden die ersteren nur in kleinerem Umfange anzuwenden sein. Die Prämiierungen als Belohnungen der wirklichen Fortschritte werden sich sowohl auf Individuen wie auf ganze Herden erstrecken können, es kommt aber bei der Verschiedenheit der Interessen zwischen den kleineren und größeren Tierhaltern auch die Notwendigkeit verschiedener Prämien in Betracht. Bei den kleineren Tierhaltern sollten die Prämien immer mit einem möglichst großen pekuniären Vorteil verbunden sein, während in den größeren Wirtschaften, deren pekuniäres Interesse an der Prämiierung erst in dem indirekten, zukünftigen Vorteil liegt, die Erzielung eines moralischen Erfolges, die Erlangung eines Rufes als Belohnung und Anerkennung dienen soll und für die letzteren sohin nur Ehrenprämien in Betracht kommen können. Auf jeden Fall aber muß auch hier der wirtschaftliche Gesichtspunkt bei der Zuteilung der Prämien immer ausschlaggebend, die wirkliche Leistung oder wenigstens die vermutete Leistungsfähigkeit der Tiere maßgebend sein.

Nachdem wir die wirtschaftlichen Ziele der Ausstellungen erörtert haben, wollen wir jetzt näher betrachten, wie die heutigen Ausstellungen gehandhabt werden.

Es ist schwer festzustellen, ob die heutigen Ausstellungen ihrem Ziele entsprechen, denn vor allem müßte man wissen, welchen Zweck die leitenden Kreise mit ihnen anstreben. Leider aber bei keiner solchen Veranstaltung finden wir das zu verfolgende Ziel festgestellt.

Die Wanderausstellungen der Deutschen Landwirtschafts-Gesellschaft (XIII. in Frankfurt a./M. 1899) schreiben in der Ausstellordnung unter anderem folgendes vor: „Es ist jedem unbenommen, seine Tiere so vorzubereiten, wie sie seiner Ansicht nach am günstigsten erscheinen", d. h. jeder wird aufgefordert, jenes Material zur Ausstellung zu bringen, welches am günstigsten „erscheinen" kann. Näheres über die Ziele finden wir in der Vorschrift über die Prüfung der Tiere seitens der Kenner, in den Vorschriften über das sogenannte Richten, wo es heißt: „Das eigentliche Richten, also die Feststellung des Wertes der Tiere für die Zucht, nach den an ihrer äußeren Erscheinung zu beurteilenden Eigenschaften innerhalb der Klasse erfolgt nach dem, was auf der Ausstellung an den Tieren selbst zu erkennen ist, und dem darauf sich gründenden Werte für die Zucht." Mit anderen Worten heißt es: Das Produktionsinstrument, mit dem der Tierhalter zu produzieren hat, soll einzig und allein nach seiner äußeren Erscheinung beurteilt werden, ob es zur Produktion tauglich ist. Das Urteil über dieses Äußere ist durch die „Richterkommission" zu fällen, welche aus zwei Mitgliedern (wenn diese sich nicht einigen, eventuell aus drei) gebildet wird. Für jede der verschiedenen Klassen, auf welche das ausgestellte Rindvieh verteilt wird, ist eine spezielle Kommission zu bilden. Diese hat das Rindvieh zu beurteilen und die Siegerpreise und Prämien zuzuteilen nach Maßgabe derjenigen Eigenschaften des Tieres, welche „an den Tieren selbst" zu sehen sind. Die Leistungen oder die Leistungsfähigkeit kommt gar nicht in Betracht, und in der ganzen Vorschrift ist nirgends ein Wort zu finden, daß dieselben auch berücksichtigt werden

Wanderausstellungen.

sollen oder wenigstens berücksichtigt werden können. Es ist dies sogar einfach verboten, denn die Richter haben sich zu „beschränken“ auf das, „was sie sehen“. Das Urteilen ist dem freien Ermessen der Richter anheimgelassen, denn es ist nicht festgestellt, nach welchem Maßstab zu urteilen ist.

Aus dieser Vorschrift erkennen wir das wirkliche Ziel der Ausstellungen. Der Züchter hat das Rindvieh, mit welchem er in den Wettbewerb tritt, so vorzubereiten, daß die Richter das günstigste Urteil abgeben. Nur ein Mittel gibt es, um das Rindvieh zur Ausstellung vorzubereiten, und das ist eine gesteigerte Ernährung. Die Züchter werden also aufgefordert, möglichst gut ernährte Tiere auszustellen. An solchen hat dann die Richterkommission ihr Urteil nach Maßgabe des Gesehenen zu bilden.

Wie äußern sich diese zu sehenden Eigenschaften? Man kann sie nur unter dem Begriffe: Eindruck zusammenfassen, welcher nach persönlichem Empfinden des Richters verschieden ist. Infolge der Vielheit der Richterkommissionen hat man auch keine klare Vorstellung über das Ideal eines Rindes in seinem Aeußeren. Da diese Ausstellungen nur des Eindruckes willen abgehalten werden, ist es kein Wunder, daß auch die Sachverständigen in ihren Berichten diesem Hauptziele entsprechende Würdigung schenken. In den Berichten von der XII. Wanderausstellung in Dresden lesen wir folgendes: „Die schön ausgeglichene Sammlung errang mit Recht den ersten Preis; während die ausgestellten weiblichen Tiere besonders schön waren, war dies bei dem männlichen Zuchtmaterial weniger der Fall“ oder an anderer Stelle lesen wir: „Recht schön war das weibliche Material auch vom Grafen * ausgestellt; die selbstgezogene Kuh ‚Quadrille‘ dieses Züchters, deren Euter jedoch nicht regelrecht gebaut war, erhielt den Siegerpreis und den ersten 1. Preis.“ Man würde mit voller Berechtigung zu erwarten haben, daß der Siegerpreis nur für die Leistungen, wie im alltäglichen Leben, zuerkannt werden kann. Hier erfahren wir, daß die Siegerpreise verteilt werden auch für die Schönheit der Rinder, sogar dann, wenn diese Tiere nicht regelrecht gebaut sind, d. h. sogar dann, wenn sie auch nicht dem Schönheitsideal entsprechen. Ein anderer Berichterstatter schreibt: „Der Bulle Nr. 12, welcher den 2. Preis erhielt, ließ in der Farbe zu wünschen übrig, der Bulle Nr. 9 mit dem 3. Preis war etwas zu dunkel am Hals,“ oder an anderer Stelle: „Auch in Klasse 2 waren neben den guten und mit Preisen bedachten Bullen solche mit schlechter Haarfarbe und verschiedenen Fehlern im Körperbau ausgestellt.“ Fast bei jedem Kenner, sogar bei den Tierzuchtinspektoren finden wir solche Beurteilungen der Tiere, die bloß auf der äußeren Erscheinung des Rindes basieren. Diese Berichte zeigen uns auch unzweifelhaft die Richtung, welche heute in der deutschen Rindviehzucht herrscht. Es wird bloß das gefördert, was „schön" ist.

Die wirtschaftliche Aufgabe der Ausstellungen wird somit schon in den Grundsätzen gar nicht erfaßt. Angenommen jedoch, daß die Schönheits- und Farbeneigenschaften" auch mit größeren Leistungseigenschaften verknüpft sind, wie stellt sich denn die weitere Forderung der Volkswirtschaft, die auf diesem Wege die breiten Massen der Tierhalter zu belehren wünscht?

In dieser Richtung fehlt uns jedweder Anhaltspunkt für die Beurteilung. Wie viele von den wirklichen Tierhaltern, für welche solche Belehrungen als notwendig erscheinen, diese Ausstellungen auch besuchen, kann schwerlich ermittelt werden, jedenfalls kann man aber mit Rücksicht auf den Umstand, daß die Ausstellung nur in größeren Zentren stattfindet und mit Rücksicht auf die hohen Eintrittspreise (am ersten Tage 3 Mk., an den weiteren 2 Mk., am letzten 1 Mk.) annehmen, daß in dieser Richtung sehr wenige Erfolge zu verzeichnen sind, um so wenigere, als im ganzen, z. B. in Dresden, 66 714 Eintrittskarten à 1 Mk. verkauft wurden und von dieser Zahl ein beträchtlicher Anteil auf die städtische Bevölkerung entfallen dürfte. Wo wird nun in den auf solche Weise durchgeführten Ausstellungen die belehrende und erzieherische Eigenschaft zu suchen sein?

Auf der XII. Wanderausstellung zu Dresden wurden in verschiedenen „Rassen- und Schlägeklassen" 1056 Stück Rinder ausgestellt, und wenn man nach wirtschaftlichen Gesichtspunkten vorgehen würde, d. h. wenn nur die leistungsfähigsten Individuen oder Rassen Prämien erhalten könnten, dann würden nicht viele Individuen prämiiert werden, denn nicht alle werden in demselben Grade leistungsfähig sein. Und wie gestalten sich die Prämiierungen? An die ausgestellten Rinder wurden im ganzen 599 Prämien und Siegerpreise verteilt, d. h. $56{,}7\,\%$ aller ausgestellten Tiere haben einen guten Eindruck gemacht, wurden also als „schön" anerkannt. Wenn man diese Prämiierungen in den einzelnen Gruppen genauer prüft, so sind in manchen Gruppen sogar bis $70\,\%$ der ausgestellten Tiere prämiiert worden, und wenn man berücksichtigt, daß einzelne Aussteller mehrere Stücke ausgestellt haben, da wird es sehr wahrscheinlich, daß nicht die Rinder, sondern die Aussteller prämiiert wurden, indem jeder eine Prämie davontragen dürfte. Und wie solche Prämiierungen auch bei den beteiligten Kreisen geachtet werden, wie viel Wert diesem Richten sei- Prämiierungen.

tens der Kenner von den Züchtern beigelegt wird, erkennen wir an dem Vorgehen vieler Züchter, die gleich am Ausstellungsplatze ihre ausgestellten Tiere, sogar mit ersten Preisen bedachte[1]), zur Schlachtbank verkaufen. Was wurde in diesem Fall prämiiert?

Aus dieser Erscheinung, daß die Tiere gleich auf der Ausstellung verkauft werden und meistens an den Metzger, können wir auch die Frage beantworten, worin wurzelt die Schönheit der Tiere und wie werden die Tiere vorbereitet. Auch diesen, auf solche Weise gehandhabten Prämiierungen dürfte man die wirtschaftliche Bedeutung in unserem Sinne nicht zuerkennen, um so weniger, als sie bloß als eine Marktgelegenheit von den Tierhaltern aufgefaßt und die etwaigen Prämien als Zuschüsse zu den erzielenden Verkaufspreisen angestrebt werden.

Rinderschauen.

Nachdem wir die großen Rinderausstellungen in ihren Zielen besprochen haben, wenden wir uns zu den kleineren, den sog. Tierschauen in Bayern, die die Verbreitung des Fortschritts in der Rindviehzucht bezwecken. Am 26. September 1898 wurden vom kgl. Staatsministerium des Innern „die Grundbestimmungen für Rinderschauen in Bayern" erlassen, worin es heißt: In jedem Regierungsbezirke werden alljährlich in der festzusetzenden Anzahl und Reihenfolge Rinderschauen abgehalten. Jede Schau muß mindestens den Umfang eines Bezirksvereines oder eines Distriktes umfassen. Zu diesen Schauen werden nur Zuchttiere der im Bezirke **vorherrschenden** oder für die Gegend geeigneten Rassen oder Schläge zugelassen. Diese bewerbungsfähigen Rassen bestimmt der Kreisausschuß des landwirtschaftlichen Vereines. Der Kreis- bezw. Bezirksausschuß kann auch bestimmen, daß nur solche Tiere zur Schau zugelassen werden, welche von einer Vorschau-Kommission ausgewählt worden sind. Zu den Schauen werden nur sprungfähige Stiere und Kühe bez. Kalbinnen (erkennbar tragend) zugelassen. Die Beurteilung erfolgt durch das Preisgericht, welches je nach Bedarf aus Gruppen zu je drei Richtern besteht.

Es werden verschiedene Preise ausgesetzt, der erste Preis darf jedoch bei Zuchtstieren nicht weniger als 80 Mk., bei Kühen nicht weniger als 60 Mk. betragen. Für die Art und Weise der Durchführung der Beurteilung wurde gleichzeitig „die Geschäftsanweisung für die Preisgerichte bei Rinder-Schauen" erlassen. In dieser Geschäftsanweisung sind die Bestimmungen darüber enthalten, welche Tiere zur Prämiierung zugelassen

[1]) Jahrbuch der Deutschen Landw. Gesellschaft Bd. 13, S. 231. Jahresbericht des Bayer. Landwirtschaftsrates 1898, S. 110.

werden dürfen und in welcher Weise die Beurteilung zu erfolgen hat. In ersterer Hinsicht sind es drei Eigenschaften, die das zu prämiierende Rind besitzen muß.

Es muß 1. gesund sein, 2. entsprechend kräftigen Körperbau haben und 3. sich in einem guten Ernährungszustand befinden. Im einzelnen ist bei allen Tieren eine dem Schlage, dem Geschlechte und dem Alter entsprechende Feinheit des Kopfes und des Gehörnes, Feinheit und Lockerheit der Haut erforderlich, die Körperform des Tieres muß das Geschlecht desselben sofort erkennen lassen, unmännlich aussehende Bullen und männlich aussehende Kühe dürfen nicht prämiiert werden, an dem zu prämiierenden Tiere müssen die Rassenmerkmale ausgeprägt sein, namentlich in der Bildung des Kopfes, des Halses, des Beckens, in der Farbe der Haut und Haare, des Flotzmaules, des Gehörnes, der Klauen und in den besonderen Rassezeichen. Von der Prämiierung schließen aus: Schwerer Kopf, schlecht gestellte grobe Hörner, zu hoher Schwanzansatz, zu spitzes Hinterteil, enggestellte Sprunggelenke, Säbelbeine und andere. Die Beurteilung der einzelnen Tiere erfolgt auf Grund der sog. Bewertungsliste, welche aus 12 Klassen besteht. Jede Klasse bezieht sich auf eine der geförderten Eigenschaften, welche durch 4 Noten beurteilt wird. Z. B. I. Klasse: Kopf und Hals: kann entweder sehr gut (3), gut (2), genügend (1) oder ungenügend (0) sein; oder z. B. VII. Rasse-Reinheit muß auch in diesen Noten ausgedrückt werden. Die XII. Klasse betrifft den „Gesamteindruck" des Tieres, welcher in 6 Noten beurteilt wird.

Das Urteil kann auch in Dezimalbruchzahlen abgegeben werden. Wenn diese Noten in allen 12 Klassen addiert 24 Punkte ergeben, kann das Rind prämiiert werden. Das sind die Grundzüge dieser Bestimmungen. Das Ziel dieser Rinderschauen ist „die Förderung der Viehzucht", und wenn wir fragen, in welcher Richtung soll sie gefördert werden, da haben wir eine ganz klare Antwort in diesen Bestimmungen. Denn, wenn wir alle diese Eigenschaften, die „bewertet", werden zu einem Ganzen zusammenfassen, bekommen wir eine Einheit, welche wir mit dem Namen „äußere Erscheinung des Rindes an sich" kennzeichnen können.

Und selbst die Beurteilung dieser äußeren Eigenschaften erfolgt nicht nach einheitlichen objektiven Gesichtspunkten, sondern da sie während der Vorführung der Rinder „im Ringe" vorgenommen wird und es keinen Anhaltspunkt für die Zuteilung der verschiedenen Noten gibt, ist sie nur von dem freien Ermessen der Richter und deren ästhetischem Verständnis und Empfinden abhängig.

Nur an einer einzigen Stelle in der Vorschrift ist die Rede von der Nutzung der Tiere und von ihrer möglichen Beachtung bei den Tierschauen. Es heißt: „In Bezirken, in welchen die Nutzviehhaltung eine besondere Bedeutung besitzt, können im Rahmen dieser Bestimmungen auch Prämiierungen für Zug- und Mastvieh abgehalten werden, jedoch bedarf es hiezu der Zustimmung des landwirtschaftlichen Kreisausschusses."

Zur Förderung des wirtschaftlichen Zieles ist also ausdrückliche Erlaubnis der Behörden notwendig!

Was prämiiert wird auf solchen Rinderschauen, das entnehmen wir dem Berichte [1]): „Es wurden auf drei Schauen eines Zuchtverbandes im ganzen 230 Tiere zugeführt, von denen 173 prämiiert wurden," also 75_2% sind als schön anerkannt.

Schlußwort.

Wenn wir alle besprochenen Maßnahmen und freiwilligen Bestrebungen der Züchter an uns vorüber ziehen lassen, so tritt uns als maßgeblichster Gedanke die Schönheitszucht entgegen. Denn darauf kommen alle Bestrebungen des Staates und seiner Organe, alle Bestrebungen der verschiedenen Genossenschaften und der Veranstaltungen (Ausstellungen, Prämiierungen, Schauen) hinaus, mag das nun Förderung „des schönen Aeußeren" oder „der Beliebtheit und Einheitlichkeit" oder „des Eindruckes" oder sonstwie genannt werden. Und was bedeutet das alles wirtschaftlich?

Das allgemeinwirtschaftliche Interesse an der Tierhaltung ist in erster Linie: am billigsten die Volksbedürfnisse bezüglich der tierischen Nahrungsmittel zu befriedigen und das Privatinteresse ist: den größten Nutzen von der Tierhaltung mit dem kleinsten Aufwande zu erreichen. Sind denn die Gleichfarbigkeit, die schönen Körperformen 2c. an sich von irgend welchem Einfluß auf die Herstellung dieser Nahrungsmittel, auf die Produktionskosten (die auch eine Rolle spielen in der Preisbestimmung dieser Nahrungsmittel)? Und bieten andererseits die angestrebten äußerlichen Eigenschaften irgend welche Gewähr dafür, daß die Privatwirtschaften [2]) Vorteil davon ziehen?

---

[1]) Jahresbericht des bayer. Landwirtschaftsrates 1898, S. 278.

[2]) Oefters kann man der Behauptung begegnen, daß die Leistungsfähigkeit und somit auch die Produktivität des Rindviehes durch die angestrebte Veredlung

In dieser Beziehung haben wir Gelegenheit gehabt, von maßgebenden Kreisen[1]) den Zusammenhang zwischen der Leistungsfähigkeit und der äußeren Form des Tieres nach allen Richtungen erörtert zu sehen.

Nun wird öfters behauptet, wenn auch das nächste Ziel der gekennzeichneten Bestrebungen die Zucht schöner Tiere sei, so sei das doch im Grunde auch eine Förderung der Rentabilität. Man glaubt durch Erlangung des guten Rufes wird man es dahin bringen, daß die ausländischen Züchter als Käufer für schöne Tiere auftreten und auch einen höheren Preis zu bezahlen geneigt sein werden.

Aus den Veröffentlichungen des statistischen Amts über den auswärtigen Handel des Deutschen Reichs ersehen wir aber, daß das Einkommen aus dieser Quelle sehr gering sein dürfte im Verhältnis zu den jährlichen[2]) „Förderungsauslagen". Es wurden nämlich in den 10 Jahren folgende Stückzahlen[3]) ausgeführt:

	Kühe	Stiere	Jungvieh	Kälber unter 6 Wochen
1889	5227	615	5049	4201
1890	3041	253	3694	2136
1891	3005	270	3828	3413
1892	3221	731	5728	2623
1893	3199	703	4741	1308
1894	3907	259	3635	991

der Viehschläge zugenommen hat (Buchenberger, Agrarpolitik II, S. 479). Es ist wohl möglich, daß die Leistungen der Rinder auch größer geworden sind, aber damit ist noch nicht gesagt, daß diese Rinder auch rentabler sind. Die Steigerung der Leistungen an sich, die absolute Vermehrung der Nutzungen ohne Rücksicht auf die verursachten Kosten ist noch keine Steigerung des Reingewinnes, keine Vermehrung der Produktivität, es ist bloß Steigerung der Produktion, Vermehrung der Produkte.

[1]) Formalismus in der landwirtschaftlichen Tierzucht von E. Pott, Stuttgart 1900. Fühlings landwirtschaftliche Zeitung 1899, Heft 18 ff. und 23 ff.

[2]) Der Staat bestreitet die Kosten der Körkommissionen, gibt beträchtliche Zuschüsse den einzelnen Zuchtvereinigungen zur „Förderung ihrer" eigentümlichen „Ziele" und bestreitet den Gehalt der Zuchtinspektoren (für jede größere Vereinigung ein besonderer Zuchtinspektor), gibt Zuschüsse für Ausstellungen, bestreitet die Kosten der Rinderschauen und Prämiierungen 2c. In welcher Weise diese Zuschüsse wirtschaftlich verwendet werden, darüber belehrt uns u. a. der Bericht des Landwirtschaftsrates für das Jahr 1897 S. 138 wie folgt: „An dieser Stelle sei auch der Beschaffung von Hornführern (Hornrichter, -Leiter) in größerer Anzahl aus der Kasse des Kreisausschusses für die Tiere der Stammzuchtgenossenschaften gedacht, die der Erzielung durchweg schöner Hornstellung dienen sollen."

[3]) Die Ausfuhrzahlen beziehen sich auf das Deutsche Reich und Förderungsauslagen bloß auf Bayern.

	Kühe	Stiere	Jungvieh	Kälber unter 6 Wochen
1895	4479	368	4961	1033
1896	3491	307	4584	580
1897	2838	375	4966	455
1898	2609	265	3520	302

Weil es schwer zu ermitteln ist, welche von diesen ausgeführten Tieren zur Zucht und welche zur Schlachtbank bestimmt wurden, haben wir alle ausgeführten Rinder als Zuchtrinder angesehen und in diesem Falle dürften sie höhere Preise erzielen. Wie hoch die Preise sein können, ist aus den Schätzungen zu ersehen, die in dem statistischen Amt vorgenommen werden. Abgesehen von der Bemerkung, daß für gewöhnlich die ausgeführten Waren in der Statistik von vornherein mit höheren Preisen geschätzt werden als die eingeführten (weshalb auch diesen Schätzungen nicht zuviel Wert beigelegt werden kann), sprechen die vermutlich erzielten Preise für keinen besonderen Nutzen aus dem Schönheitsruf des betreffenden Viehes.

Es betrugen die Preise in Mark für 1 Stück:

	Kuh	Stier
1890	408	577
1891	401	555
1892	400	500
1893	377	482
1894	430	568
1895	453	571
1896	435	545
1897	444	618
1898	444	712

Wo ist also der besondere Nutzen zu suchen? Angenommen aber, daß dies auch der Fall wäre, wem wird dieser Nutzen zu teil? Vielleicht dem Gros der Tierhalter?

Und vergleichen wir mit dieser Ausfuhr die Mehreinfuhr des Rindviehes, welche jährlich, wie wir gesehen haben, über 200 000 Stück beträgt, da dürfte man (hoffentlich!) nicht fragen, was soll wichtiger erscheinen: Zucht für Ausfuhr oder Zucht für eigenen Bedarf? Aber die Wirtschaftlichkeit ist ja gar nicht das Ziel, nach dem die ausführenden Organe des Staates ernstlich streben!

Charakteristischer kann das nicht ausgesprochen werden, als in der Denkschrift des Staatsministeriums, worin „das Privatinteresse der Züchter" als Haupthindernis für das Gedeihen „des Zuchtzieles“ anerkannt wird! Daß dieses Privatinteresse in der That keine entsprechende Würdigung seitens des Staates findet, das ersehen wir aus der schablonenmäßigen Art und Weise, wie die „Hebung“ der Rindviehzucht durchgeführt wird. Um schönes Vieh zu haben, muß man selbstverständlich generalisieren — will man eine möglichst große Rentabilität erzielen, so muß man nach den Produktions- und Absatzverhältnissen individualisieren. Und wie steht es damit in Bayern?

Angenommen sogar, daß diese „Schönheit“ auch eine vollkommenere Produktionstechnik bedeuten würde, wie stellt sich da der einzelne Betrieb dieser besseren Technik gegenüber?

Auf allen Gebieten des Wirtschaftslebens ist es Regel, daß die Anwendung einer besseren Technik die entsprechenden Vorbedingungen zur Voraussetzung hat. Es ist nicht geboten überall mit besserer Technik zu arbeiten, denn was nützt die technisch vollkommenere Produktion, wenn das Produkt mit größeren Kosten hergestellt wird, als dasselbe Produkt mit weniger guter Technik? Und die große Differenz der subjektiven natürlichen und wirtschaftlichen Verhältnisse jedes einzelnen Betriebes in der Landwirtschaft spielt auch eine nicht geringe Rolle bei der Auswahl der Technik. Wie würde es aussehen, wenn man jedem Betriebe die Benützung derselben Maschinen, z. B. die Anwendung derselben Art des Pfluges oder die Anwendung einer Dampfdreschmaschine, aufnötigen wollte? Noch viel weniger ist dies möglich bei den Tieren, die als lebende Organismen sich überhaupt nicht nach Belieben den verschiedensten Bedingungen anpassen lassen. Bei manchen anderen Produktionsinstrumenten in der Landwirtschaft ließen sich in dem Produktionsinstrumente selbst etwaige Aenderungen vornehmen, um dieses den Bedingungen in gewissem Grade anzupassen, aber bei den Tieren ist das (ohne der Gefahr des Verlustes gegenüberzustehen) unmöglich. Hier kann das Vieh nicht in einem Augenblicke angepaßt werden, es verlangt das Vorhandensein der zur größtmöglichen Entfaltung seiner Produktivität nötigen Vorbedingungen. Während die konkreten Bedingungen schon in zwei Nachbardörfern verschiedene Arten der Rindviehzucht als die rentabelsten erscheinen lassen, will man für einen ganzen Bezirk dieselbe einführen[1]), und während

[1]) Wie schematisch das geschieht, sieht man daraus, daß die Zuweisung der verschiedenen Rassen auf begrenzte politische Bezirke erfolgt, die doch wirtschaftlich keine Einheit bilden (Grundbestimmungen für Rinderschauen in Bayern § 1, 4).

nur der gewiegte Praktiker für den einzelnen Fall das wohl günstigste feststellen kann, gibt man dem Beamten die größte Macht in die Hand. Er (der Tierarzt) beherrscht die Körkommissionen, er hat darüber zu entscheiden, welche Rassen in dem Bezirke geeignet sind, er muß die Zustimmung geben, wenn ausnahmsweise bei den Rinderschauen die Leistungsfähigkeit berücksichtigt werden soll, er (Landesinspektor für Tierzucht) ist die höchste Instanz, der gegenüber selbst das Urteil der Sachverständigen ohne Bedeutung ist. In § 22 der Grundbestimmungen für Rinderschauen lesen wir: „Der Vorsitzende des Preisgerichtes und der Landesinspektor für Tierzucht sind berechtigt und verpflichtet gegen eine etwaige ungerechtfertigte Vergebung von Geld- und Nachpreisen an nicht preiswürdige Tiere Einspruch zu erheben," d. h. die Richter werden gewählt aus den Sachverständigen[1]), um die Tiere zu beurteilen, wenn aber diese Richter anderer Ansicht sein und die Beurteilung eines Tieres nicht nach der Meinung der Beamten fällen sollten, dann wird Einspruch gegen das Sachverständigenurteil durch die Beamten erhoben. Eine höchst merkwürdige Vorstellung der Ueberlegenheit der Beamten über die Sachverständigen in Wirtschaftssachen!

Man kann alle diese Bestimmungen überhaupt nur verstehen, wenn man sich gegenwärtig hält, daß die Züchtung gewisser schöner Rassetiere und nicht die Züchtung wirklich leistungsfähiger Rinder das Ziel ist, nach dem man strebt.

Schönheitszucht und Schematismus bei der Rindviehhaltung gehören eng zusammen, genau so, wie das Streben nach Rentabilität mit Individualisierung.

[1]) Der Kreisausschuß bestimmt die Richter aus den vorgeschlagenen oder sonst geeignet erscheinenden (!) Sachverständigen (Grundbestimmungen für Rinderschauen § 17 I lit. b).

FSC
www.fsc.org
MIX
Papier | Fördert
gute Waldnutzung
FSC® C083411

Kolibri 360 GmbH
Ferdinand-Jühlke-Straße 7
99095 Erfurt, Deutschland
produktsicherheit@kolibri360.de